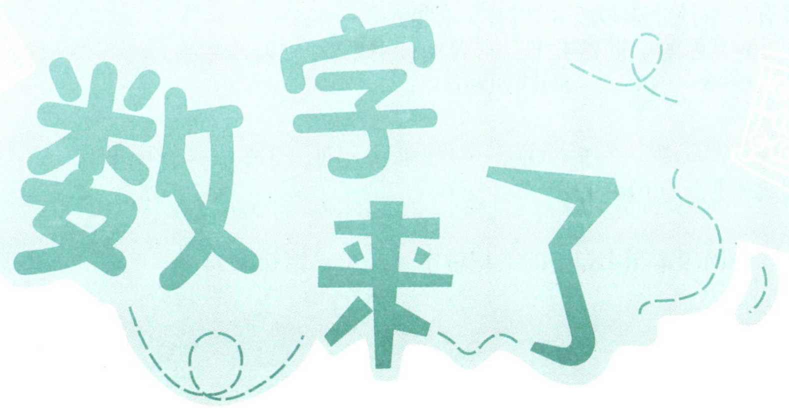

张晓冬　张润通◎编　著

丛书主编： 安若水
副 主 编： 张晓冬　毕研波
编　　者： 王水香　海　秋　毕经纬　马　然　张润通
插　　图： 支晓光

山西出版传媒集团　山西教育出版社

图书在版编目（CIP）数据

数字来了 / 张晓冬，张润通编著. — 太原 ：山西教育出版社，2020.5（2021.6 重印）
（“你的全世界来了”科普阅读书系 / 安若水主编）
ISBN 978-7-5703-0967-2

Ⅰ. ①数… Ⅱ. ①张… ②张… Ⅲ. ①数字-青少年读物 Ⅳ. ①O1-49

中国版本图书馆 CIP 数据核字（2020）第 051774 号

数字来了
SHUZI LAILE

策　　划　彭琼梅
责任编辑　裴　斐
复　　审　韩德平
终　　审　彭琼梅
装帧设计　崔文娟
印装监制　蔡　洁

出版发行　山西出版传媒集团·山西教育出版社
（太原市水西门街馒头巷 7 号　电话：0351-4729801　邮编：030002）
印　　装　辉县市新兴印刷有限公司
开　　本　890×1240　1/32
印　　张　5
字　　数　104 千字
版　　次　2020 年 5 月第 1 版　2021 年 6 月第 2 次印刷
印　　数　5 001—8 000 册
书　　号　ISBN 978-7-5703-0967-2
定　　价　23.00 元

如发现印装质量问题，影响阅读，请与印刷厂联系调换。电话：0371-63362276

目录

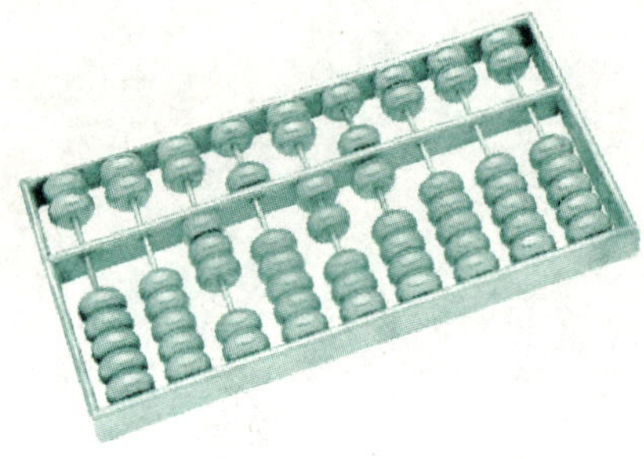

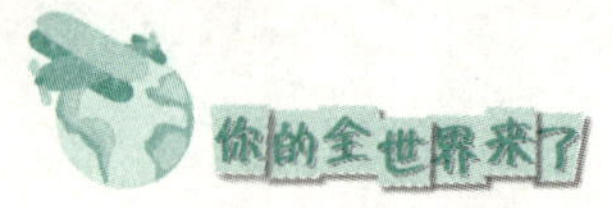
你的全世界来了

12
1
2
3
4
5
6
7
8
9
10
11

1 数字是人类的游戏

从记事起，你就离不开数字。

使劲儿想一想，你最早接触的数字是什么？可能是家里有几口人，一只手有几根手指，一双鞋有几只，等等。你刚懂事的时候，妈妈指着爸爸、你和她自己，告诉你家里有三口人。爸爸拿起一双筷子，给你数着“一根”“两根”。到你上了学，数学课上就再也离不开数字了。

那么，为什么我们离不开数字？数字是怎样起源的？数字对人类究竟有什么意义？哪些人对数字的发展起到了重要的作用？我们就从这一篇开始探索吧！

你上幼儿园的时候，自己吃不了一个大苹果，老师会把苹果切成几块，分给几名同学。这时候就需要数字，比如说把苹果切成4块，分给4名同学。

人类究竟从什么时候开始使用数字，目前还没有记载可查。但是经过考古，可以找到各民族记录数字的符号。比如说古人结绳记事，在绳子上打结记录各种事情，可以想象，最容易记录的就是数字了。

数字最基本的功能就是用来比较多少和大小。可以数（shǔ）出数（shù）的我们就比多少，比如3根铅笔比2根铅笔多。数不出数的，可以通过测量来比较它们的大小，比如太阳比月亮大。究竟大多少呢？可以用测量结果的两个数字进行比较。

沿着这个思路下去，对于数字的研究，久而久之就变成了数学。数学虽然源于数字，可学问要大得多。人类历史上就出了很多大数学家，他们的刻苦钻研为我们现在舒适的生活打下了基础。

古代最重要的数学家有古希腊的阿基米德、欧几里得、毕达哥拉斯等。

阿基米德是个数学天才，世界上各个数学家的排行榜，阿基米德都排在第一呢！

欧几里得是“几何学之父”，我们现在学习的几何知识，都写在了2200多年前欧几里得的《几何原本》里面。《几何原本》也是我国最早翻译的西方名著。

欧几里得

毕达哥拉斯的学说和数字的关系最大，他认为我们的世界就是由数字组成的！毕达哥拉斯还主张女性也应该加入数学研究的行列，这在古时候可是一个伟大的创举啊！

我国古代也有很多优秀的数学家，最有名的有刘徽、祖冲之、杨辉等。

祖冲之

生活于魏晋时期的刘徽，是我国古代数学理论的主要奠基人，他的著作《九章算术注》和《海岛算经》是我国最宝贵的数学遗产。刘徽的“割圆术”开创了圆周率精确计算的先河。

到了南北朝时期，祖冲之把圆周率确定在3.1415926和3.1415927之间，是世界上第一位将圆周率的小数计算到第7位的数学家，这是对人类做出的一个重大贡献。

南宋的杨辉留下的数学著作有5种21卷，如《详解九章算法》等，为我们解决实际问题提供了大量有效的方法。

上面提到的这些名字，你可能在其他地方也见到过。要知道，有些科学家在很多领域都对人类的发展有着巨大贡献。比如，阿基米德就是一个百科全书式的科学家。

也许有的同学们会想，没有数字该多好，那样我们就不用和数学打交道了。其实，数字是很讨人喜欢的，也是非常重要的，我们一刻也离不开它。数字是十分伟大的发明，也是人类祖先的一大创造。

数字是伴随着人类的起源和壮大而产生和发展的，就像游戏一样一直伴随在人类的身边。让我们一起玩好这个游戏吧！

2 狼骨上的55道划痕

在原始社会，数的概念就产生了。

为了生存，人类要进行各种活动，比如狩猎、种地、捕鱼等，在和这些猎物、果实和鱼类等食物接触的过程中，人们就需要“多”和“少”的概念。也就是说，最早的数字很可能是和食物分不开的。

人类形成数字的概念以后，就可以借助手指、脚趾以及小石子、小树枝作为工具来计数了。

小的时候，妈妈是不是也教你用手指数数（shǔ shù）呢？妈妈说“一”，你就伸出一根手指；妈妈说“二”，你就伸出两根手指。

数（shǔ）的数（shù）越来越多，先前的数就记不住了，所以就需要把数记下来。于是开始有了记数的方法，比如结绳记数、记号记数等。结绳记数就是在绳子上打结，记一个东西打一个结。记号记数是在地面、树皮、龟甲等表面画上记号。这些记号慢慢地就变成了有规律的、正规的数字符号。

我国古代著作《易传·系辞》上有“上古结绳而治，后世圣人易之以书契”的说法，就是说，古人开始是结绳记事和记数，后来逐渐改为刻划符号了。据考古学家考证，大约3万年前的一根狼骨上就有55道划痕。

古代埃及人创造了象形文字，包括象形数字。他们的1就是一个竖道儿，和我们现在写的1很像；10像一个拱门；他们表达的最大的数是1000万，形状像一个初升的太阳。

古代埃及人创造了象形文字，包括象形数字

诞生于伊拉克境内两河流域的古巴比伦文明，创造了用楔形文字表示的数字。收藏在耶鲁大学的一块古巴比伦泥板书，还记录着正方形边长和对角线的数字关系呢。

一个一个地记录数字，在数字比较小的时候既直观又方便，但数字大了就不太方便了。比如那根狼骨，记录“55”就得刻划“55”个痕迹。我国古代的算筹记数就弥补了这个缺陷。南北朝时期的《孙子算经》中说：“凡算之法，先识其位。”就是说相同的表示数字的符号，在不同的位置代表不同的数字。

孫子算經卷上
度之所起起於忽欲知其忽蠶吐絲爲忽十忽
爲一絲十絲爲一毫十毫爲一氂十氂爲一分
十分爲一寸十寸爲一尺十尺爲一丈十丈爲
一引五十尺爲一端四十尺爲一疋六尺爲一
步二百四十步爲一畝三百步爲一里
稱之所起起於黍十黍爲一絫十絫爲一銖二
十四銖爲一兩十六兩爲一斤三十斤爲一鈞

南北朝时期的《孙子算经》中说：“凡算之法，先识其位。”就是说相同的表示数字的符号，在不同的位置代表不同的数字现在我们使用的数字符号诞生于古代文明的又一个发源地——印度。公元前8世纪的古印度文字中就包含最初的数码1到9，当时的0用空格或圆点表示。大约公元600年发展为位值记数法，现在也叫进位计数制。

公元773年，印度人发明的记数符号传到了阿拉伯，阿拉伯人加上了0，之后又传到了欧洲。欧洲人误以为是阿拉伯人发明了所有符号和记数方法，就把这些数字符号叫做“阿拉伯数字”，这个叫法一直传用至今。看看，原来在历史发展的过程中，也有这么大的误会呀！

现在我们有了0、1、2、3、4、5、6、7、8、9这10个数码。在从右向左的排列中，一个数码在不同的位置表示不同的数，这在数学上叫做“权”。

比如在456中，6是个位，代表6，权值是1；5是十位，代表50，权值是10；4是百位，代表400，权值是100。由这样的阿拉伯数字体系构成的计数制叫十进制。我们现在主要使用十进制，多数人认为是和人有10根手指有关。

其实，我们的生活中也存在其他进制，比如1天有24小时就是24进制；1小时有60分钟就是60进制。我国古代曾经有16两是1斤的质量进位，所以就有了“半斤八两”的成语。

你听说过吗？计算机用的是二进制。这个我们后面要单独讨论哦。

顺便说一下，我们这一篇使用了“记数”和“计数”两个词语。不理解就先记住吧。

说到这儿，再想一想，我们平常还有哪些进位制呢？

3 中国古代数学的发展

中国是世界文明古国之一。数学是中国古代科学中的一门重要学科，其发展源远流长，成就辉煌。作为龙的传人，我们应该了解一下它的历史。我们一般将这段历史分为五个时期：

春秋前的萌芽时期

可以从甲骨文和一些铜器上看到，我们的祖先很早就有了数与形的概念。最晚在春秋末年，人们就已经掌握了完备的十进位值制，普遍使用算筹这种先进的计算工具。人们已经掌握了九九乘法表、整数的四则运算，并使用了分数。

汉唐的奠基时期

可以从甲骨文和一些铜器上看到，我们的祖先很早就有了数与形的概念

战国时期，墨家的《墨经》中包含了丰富的逻辑思想和数学知识，提出了大量数学概念的命题和定义。西汉时期的《周髀算经》是我国现存最早的一部与数学相关的典籍。

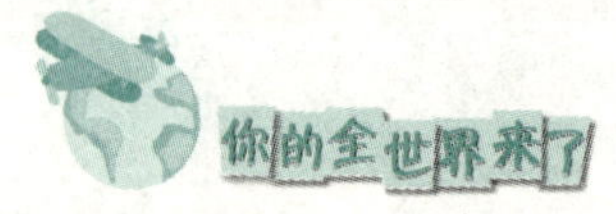

另外，人们把当时的数学知识分成了九个部分，称为“九数”。九数确立了《九章算术》的基本框架。《九章算术》是我国古代第一部数学专著，总结了战国、秦汉时期的数学成就，确立了我国数学的研究框架，影响着我国古代数学的发展。它对于我国和东方数学，相当于《几何原本》对于希腊和欧洲数学，其地位非常重要。

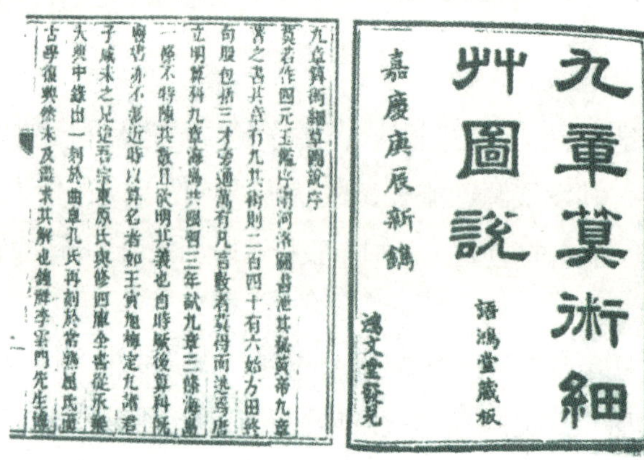
九章算術細艸圖說
語鴻堂藏板
嘉慶庚辰新鐫
鴻文堂發兌

九章算術細草圖說序
莫若作四元玉鑑序謂河洛圖書泄其秘黄帝九章著之書其章有九其術則二百四十有六始方田終句股包括三才旁通萬有凡言數者莫得而逃焉唐立明算科九章海島共限習三年試九章三條海島一條不特陳其數且欲明其義也自時厥後算科既廢學亦不彰近時以算名者如王寅旭梅定九諸君子咸未之見逮吾宗東原氏與修四庫全書從永樂大典中錄出一刻於曲阜孔氏再刻於常熟屈氏而古學復興然未及識求其解也鍾祥李雲門先生鑄

《九章算术》是我国古代第一部数学专著

三国到唐末的发展时期

《九章算术》问世之后，我国的数学著述开始重视理论研究，这期间出现了赵爽、刘徽、祖冲之等一批杰出的数学家。刘徽的《九章算术注》全面论证了《九章算术》的公式、解法，发展了许多新的原理、概念，并弥补了里面的不足，让《九章算术》更完备。赵爽在他的著作《周髀算经注》中，运用面积的出入相补第一次完成了勾股定理的证明。祖冲之的贡献不仅仅是将圆周率精确到小数点后的第7位，他还与儿子祖暅一起推导出正确的球体积公式，并且祖冲之还写出了数学专著《缀术》，被收录到著名的《算经十书》中。

宋元的繁荣时期

11 世纪贾宪的《黄帝九章算经细草》是北宋最重要的数学著作。大科学家沈括对数学有独到的贡献，他的作品是《梦溪笔谈》。

13 世纪中叶至 14 世纪初，是宋元数学高潮的集中体现时期，也是我国历史上留下重要数学著作最多的时期，形成了南宋统治下的长江中下游与金元统治下的太行山两侧两个数学中心。南方中心以秦九韶、杨辉为代表，北方中心则以李冶为代表，元统一后的朱世杰则集南北两个数学中心之大成，达到了我国筹算的最高水平。

明清古代数学的衰落时期

元朝以后，我国数学急剧衰落。明朝重八股，轻数学，明朝的《永乐大典》将此前的我国数学著作分类抄录。清中叶修《四库全书》让我国古算书重新面世。明朝出现了一批有关珠算的著作，其最著者为程大位的《算法统宗》。

16 世纪末，利玛窦等欧洲传教士来华，与徐光启等一起翻译《几何原本》前六卷。1852 年李善兰到上海，与英国传教士伟烈亚力合译《几何原本》后九卷，历时 200 多年才把完整的《几何原本》翻译过来，可见当时我国数学之路的艰难。

我国传统数学走过一条曲折的发展之路，一路上也是群星闪耀，杰作频出。

4 中国有多少钱？

先说一件有趣的事情。

中华人民共和国成立不久，周恩来总理被记者问到“中国有多少钱”。国家有多少钱是国家机密，当然不能轻易暴露，但也得回答人家啊！于是他说：“我们有十八块八毛八。”也就是把我们当时发行货币的面额说了出来：10元、5元、2元、1元、5角、2角、1角、5分、2分、1分，加起来就是18.88元。多么机智巧妙的回答！总理给记者来了个脑筋急转弯，在笑声中博得了掌声。

钱的大名就是货币。货币是推动人类社会进步的巨大动力之一

钱的大名就是货币。货币是推动人类社会进步的巨大动力之一。据考古学家考证，最早的一种货币就是贝壳，原始人使用不同数量的贝壳，可以换取食物和生活用品。现在我们使用的纸币和硬币，本质上与贝壳没有区别，都是数字的表现形式，只是货币比贝壳形状更规范，制作更精良，防伪更有效，使用更耐久罢了。

据考古学家考证，最早的一种货币就是贝壳，原始人使用不同数量的贝壳，可以换取食物和生活用品

所谓“使用货币”，也就是“花钱”。每周爸爸妈妈给你多少零花钱，你都怎么花呢？提醒你一定要有计划、有原则，不能乱花。观察一下爸爸妈妈日常生活中的花钱方式，已经不一定是纸币和硬币了。现在他们使用更多的是“电子支付”，像微信、支付宝、银行卡、公交卡等，他们通过电子技术和互联网，用代表货币的数字去结账。

数字给人类带来的进步当然不止货币。毫不夸张地说，由数字发展起来的数学，是推进人类文明进步的巨大力量。数学是通过协助科学和技术的发展来支撑人类进步的，而且在这个过程中，没有任何东西可以取代它。

在你的各门课程中，都不难发现数字和数学的身影。课本里面都或多或少地含有数字或数学的内容。数学课就更不用说啦。语文课里面像赵州桥的尺寸、孔乙己的钱，科学课里面的实验数据，英语课里面的基数词和序数词……都是数字啊！如果你已经读初中了，历史课里面有年代的记载，地理课里面有经纬度，化学课里面有原子序数，这些也都是数字。特别是物理课，光使用数字已经不够用了，一定要使用数学知识！事实上，物理学的发展是推动数学发展的原动力之一。

牛顿和爱因斯坦是两位最伟大的物理学家。

牛顿在研究行星运动的时候遇到了计算上的困难，使用已有的数学不能解决问题。于是，他将数学和物理一起研究，发明了微积分，既解决了物理问题，也给数学研究开辟了一片崭新的天地。

爱因斯坦在研究狭义相对论时，只使用了简单的数学。可当他研究更重要的广义相对论时，发现欧几里得几何无法满足需要，于是他大胆采用了数学家黎曼的“非欧几何”，成功地发展了现代宇宙学。

5 升国旗的数字

每天清晨，鲜艳的五星红旗都会从宽阔的天安门广场冉冉升起；黄昏时分，又会缓缓降下。这一升一降里面蕴含着很多数字呢。

国旗升多高？28.3米。这是由两个日子的数字相减得到的。中华人民共和国成立于1949年10月1日，中国共产党成立于1921年7月1日。年做整数，月份做小数，1949−1921=28，10−7=3，合起来就是28.3，所以国旗就升到28.3米！

国旗几点升起，几点降下？原来跟太阳的初升和落下是同时的。比如2019年3月21日，北京的日出时间是6:18，日落是18:27。细心的同学可能已经发现，这一天白天和夜晚的长度基本相等。是啊，这一天是春分，应该是日夜等分的。升国旗所用的时间也是有讲究的，是2分7秒，这是太阳从初升到完全滑出地平线所经历的时间。所以，如果你去天安门广场看升旗、降旗，要事先查好时间哦！

关于天安门广场，还有许多有趣的数字呢。天安门广场北起天安门，南至正阳门，东边是中国国家博物馆，西边是人民

大会堂。广场南北长880米，东西宽500米，可容纳100万人举行盛大集会，是世界上最大的城市广场。

从广场北侧进入天安门，就是著名的故宫博物院

从广场北侧进入天安门，就是著名的故宫博物院。故宫始建于1406年，建成于1420年，花了14年时间，动用30万民工建成。到2020年故宫就600岁了。故宫古又称紫禁城，是明朝和清朝的皇宫，曾居住过24位皇帝。故宫南北长961米，东西宽753米，四面城墙长3400米，高10米，城外护城河宽52米。传说故宫一共有房屋9999间半，比起咱们一个家的住房可多得多呢。故宫收藏有大量的艺术品，还有许多好玩的钟表。这些珍贵的文物一共有1052653件，是世界著名的古代文化艺术博物馆，被联合国教科文组织列为世界文化遗产。

同天安门广场升国旗的数字一样，很多数字都是很有讲究的。比如，为什么奥林匹克的五环会徽是5个圆环呢？5个圆环

5种颜色——蓝、黄、黑、绿、红，分别代表世界的5个大洲，蓝色代表欧洲，黄色代表亚洲，黑色代表非洲，绿色代表澳洲，红色代表美洲。

奥林匹克的五环会徽

英国数学家阿历克斯·贝罗斯在全球范围内发起了一项网上调查，请网民投票选择他们最喜欢的数字。结果在4.4万张有效选票中，7当选为最受欢迎的数字，其次是3、8、4和5。这说明世界各民族对数字的喜欢是不尽相同的，中国人最喜欢的数字是8和6，最不喜欢的数字是4和7。而在西方，最不受欢迎的数字是13。

必须要说明的是，数字的“幸运”与否，以及用数字表达某些含义，都是人们心理期待的体现。有时我们的期望与数字是否幸运还存在矛盾。比如，我们喜欢6而不喜欢7，那考试的时候，你是愿意得96分还是愿意得97分呢？

有些数字经过人为的思考和商业的炒作，被赋予了特殊的含义。每年的11月11日是什么日子？是“光棍节”，因为1代表“单”，寓意为单身。事实上，这一天被阿里巴巴公司变成了全国最大的网购狂欢日。

6 突破祖冲之的纪录

有很多数字又好玩又有学问。圆周率就是其中之一。

圆周率是圆的周长与直径的比值，是一个在数学及物理学中普遍存在的数学常数，通常用希腊字母π表示。π，读音为派，是一个小写的希腊字母，也是希腊语里“圆周”一词的首字母。英国数学家威廉·琼斯于300多年前最先使用π来表示圆周率，一直用到今天。

圆周率是个无理数，也就是说，它带有无限不循环的小数。

威廉·琼斯

圆周率的值是多少？这可是从古时候起，人们就开始追寻的一个数字。

人类最早推算圆周率是采用实验的方法，就是画一个圆，量出周长和直径，用周长除以直径。这种方法受测量技术的制约，不可能太准确。现在你就可以画一个圆测一测、算一算，看看可以得到什么数字。数字可能不太准确，但这是你自己的一个研究成果啊。

下面我们来了解一下人类从古至今研究圆周率的历程。

大约公元前2000年的一块古巴比伦石匾记载的圆周率为 $\frac{25}{8}$，也就是3.125。同一时期古埃及的数学纸草书记载的圆周率为 $\left(\frac{16}{9}\right)^2$，约等于3.1605。英国作家约翰·泰勒在《金字塔》一书中指出，建造于公元前2500年的胡夫金字塔也和圆周率有关。金字塔的周长和高度之比等于圆的周长和半径之比，正好是圆周率的2倍。

公元前800年的古印度著作《百道梵书》中显示圆周率为 $\frac{339}{108}$，约等于3.139。

古希腊大数学家阿基米德开创了人类通过理论计算圆周率的先河。阿基米德先用圆的内接正六边形求出圆周率的下界为3，再用外接正六边形借助毕达哥拉斯定理求出圆周率的上界小于4。接着，他对内接正六边形和外接正六边形的边数加倍、再加倍，直到正96边形为止。他求出圆周率的下界和上界分别为 $\frac{223}{71}$ 和 $\frac{22}{7}$，并取它们的平均值3.141851为圆周率。阿基米德可真是计算数学的鼻祖啊。

阿基米德

公元前200年的中国古算书

《周髀算经》中有“径一而周三”的记载，意即圆周率为3。汉朝科学家张衡得出圆周率约为3.162。

公元263年，中国数学家刘徽用“割圆术”计算圆周率，他从圆内接正六边形，逐次分割一直算到圆内接正1536边形，得到我们现在经常使用的圆周率近似值3.1416。刘徽说：“割之弥细，所失弥少，割之又割，以至于不可割，则与圆周合体而无所失矣。”这种“极限”思想，在中国古代是非常珍贵的！

公元480年左右，中国另一位伟大的数学家——南北朝时期的祖冲之进一步得出小数点后7位的结果，给出圆周率的值在3.1415926和3.1415927之间，还得到两个近似分数值，密率$\frac{355}{113}$和约率$\frac{22}{7}$。在之后的近千年里，祖冲之计算出的圆周率都是最准确的。

阿拉伯数学家卡西在15世纪初求得圆周率17位精确小数值，打破了祖冲之保持近千年的纪录。德国数学家鲁道夫·范·科伊伦1596年将圆周率计算到20位小数，后继续投入毕生精力，于1610年计算到35位小数。

由牛顿和莱布尼茨发展的微积分为圆周率的计算提供了全新的途径。人们利用无穷级数或无穷连乘积求π，摆脱了割圆术的繁复计算，使得π值计算精度迅速提高。

第一个快速算法由英国数学家梅钦提出，1706年，梅钦计算π值突破100位小数。

1948年，英国的弗格森和美国的伦奇共同发表了π的808位小数值，成为人工计算圆周率值的最高纪录。

7 3·14国际数学节

经过约4000年的研究，人类于1948年将圆周率的计算精度提高到了小数点后808位。808位！这是一个多么充满艰辛和乐趣的探索过程啊！

虽然有了由微积分等先进的数学手段发展而来的计算方法，但是计算过程本身还是很复杂的。德国数学家鲁道夫·范·科伊伦将圆周率计算到35位小数，投入了一生的精力。英国数学家威廉·山克斯耗费了15年的光阴，算出了圆周率小数点后707位，并将其刻在了墓碑上作为一生的荣誉。遗憾的是，后人发现他从第528位开始就算错了。

电子计算机的出现使得人类所有计算工作发生了翻天覆地的变化，也使圆周率的计算有了突飞猛进的发展

电子计算机的出现使得人类所有计算工作发生了翻天覆地的变化，也使

圆周率的计算有了突飞猛进的发展。

冯·诺依曼

1946年，美国宾夕法尼亚大学制造了世界上第一台实用的现代数字电子计算机ENIAC。其后，科学家里特韦斯纳、冯·诺依曼和梅卓普利斯利用这台计算机，只用了70个小时就计算出π的2037个小数位。5年后，IBM的一台海军兵器研究计算机只用了13分钟，就算出了π的3089个小数位。

1976年，科学家萨拉明发表了一条新的公式，每经过一次计算，有效数字就会倍增。

1989年，美国哥伦比亚大学研究人员用克雷-2型和IBM-3090/VF型巨型电子计算机计算出π值小数点后4.8亿位数，后又继续算到小数点后10.1亿位数。

2010年1月7日，法国工程师法布里斯·贝拉将圆周率算到小数点后27000亿位。

2010年8月30日，日本计算机奇才近藤茂利用家用计算机和云计算相结合，计算出的圆周率到小数点后5万亿位。

2011年10月16日，56岁的近藤茂利用自己组装的家用计算机花费一年时间，将圆周率计算到小数点后10万亿位，刷新由他自己创下的5万亿位的吉尼斯世界纪录。

由祖冲之保持的圆周率7位小数的纪录，近千年后才被打破，打破的位数只有一两位；人工计算的最后，不到1年时间就由710位变到808位，增加了近百位；而利用计算机，用1年时间就由5万亿位增加到了10万亿位！我们只能为技术的进步而欢呼。

其实，把圆周率的数值算得这么精确，实际意义并不大。现代科技领域使用的圆周率数字，有十几位已经足够了。如果以39位精度的圆周率值来计算宇宙的大小，误差还不到一个原子的尺寸。我们平时做数学、物理题，圆周率常常只用到3.14，最多也就是3.1416。但我们对圆周率位数的探索是有意义的，体现了人类孜孜不倦、追求科学的精神。

为了纪念人类对圆周率计算的不懈努力，从1988年开始，每年的3月14日，旧金山科学博物馆的工作人员围绕博物馆纪念碑做$3\frac{1}{7}$圈$\left(\text{也就是}\frac{22}{7}\right)$的圆周运动。

英国将7月22日定为“圆周率近似日”，因为该日的英国式日期记作$\frac{22}{7}$。

2009年，美国众议院通过一项决议，将每年的3月14日设定为“圆周率日”。

2011年，国际数学协会宣布，将每年的3月14日设为“国际数学节”。

谷歌公司在2005年的一次资金募集中，将一只股票的发行数量定为14159265股，这显然是π小数点后的数字。

排版软件TeX从第3版之后的版本号为逐次增加一位小数，使之越来越接近π的值：3.1415……当前的最新版本号是3.1415926。

围绕圆周率的变迁，趣闻还真不少呢！

8 罗马数字

一说数字，我们马上会想起阿拉伯数字。但是你知道吗，阿拉伯数字在传入欧洲之前，欧洲人使用的是罗马数字。罗马数字的产生晚于中国甲骨文中的数字，也晚于埃及的十进位数字。

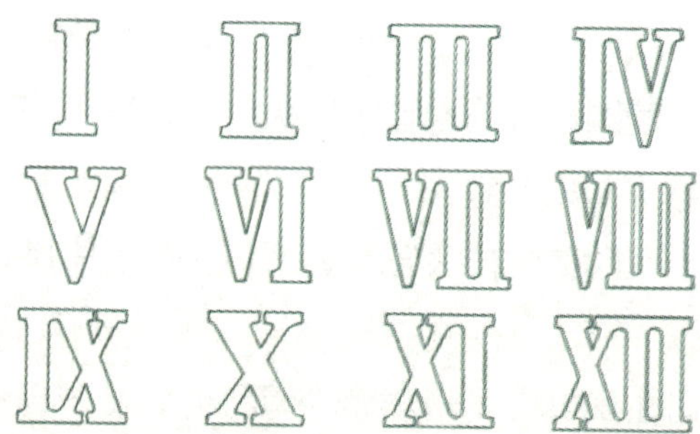

阿拉伯数字在传入欧洲之前，欧洲人使用的是罗马数字

罗马数字常常用来表示纪年，在欧洲国家的古书籍、建筑和钟表中，我们都可以见到罗马数字的身影。

我们熟悉的元素周期表，同样采用了罗马数字来表示元素所在的“族”。

罗马数字起源于古罗马，一共有7个数字符：Ⅰ、Ⅴ、Ⅹ、L、C、D、M，相应的阿拉伯数字表示为：1、5、10、50、100、500、1000。它是如何产生的呢？

古罗马人用手指来计算，表示数字1、2、3、4时，便伸出1、2、3、4只手指；如果表示数字5，就伸出一只手；如果表示数字10，就伸出两只手。为了记录这些数字，他们便在羊皮上画出Ⅰ、Ⅱ、Ⅲ来代替手指的数；要表示一只手时，就画成"Ⅴ"形，表示大拇指与食指张开的形状；要表示两只手时，就画成"ⅤⅤ"形，后来又画成一只手向上，一只手向下的"Ⅹ"，这就是罗马数字的雏形。如果用罗马数字表示3，就用3个Ⅰ表示，写成Ⅲ；如果表示20，就用2个Ⅹ表示，写成ⅩⅩ；6用罗马数字可以表示为Ⅵ；4用罗马数字可以表示为Ⅳ；11用罗马数字可以表示为Ⅺ；48用罗马数字可以表示为ⅡL。

当然数字远不止这些，较大的数又是怎么表示的呢？罗马人用符号C表示100。C是拉丁语单词"century"的头一个字母，century就是100的意思。用符号M表示1000。M是拉丁语单词"mille"的头一个字母，mille就是1000的意思。取字母C的一半，成为符号L，表示50。用字母D表示500。这样罗马数字就有了下面7个基本符号：Ⅰ（1）、Ⅴ（5）、Ⅹ（10）、L（50）、C（100）、D（500）、M（1000）。

罗马数字是一种计数规则，而非计算规则，这意味着罗马数字是没有进位和权重概念的，所以一般罗马数字只用以计数而不用以演算。如果要表示8732这个数，那就得写成MMMMMMMMDCCXXXⅡ，如果有0就方便多了。但遗憾的是，罗马数字

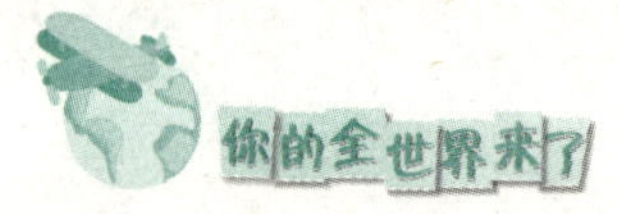

中没有0。因为在这套数字系统中，0不被视作一个整数。理由是0是一个邪物，破坏了神圣的数组合。

罗马数字与十进位数字的意义不同，它没有表示0的数字，与进位制无关，而且罗马数字书写繁难，所以后人很少采用。现在，有的钟表表面仍有用它表示时数的，在书稿章节及科学分类时也有采用罗马数字的。

钟表表面的罗马数字

在中文出版物中，罗马数字主要用于表示某些代码，如产品型号等。计算机ASCⅡ码收录有合体的罗马数字1～12。

9 古埃及数学

提到古埃及，同学们都知道那是四大文明古国之一，它有着辉煌灿烂的文化，而且这些文化影响了世界文明的进程。

古埃及的建筑艺术和天文历法科学都极为发达，这与其高超的数学成就密不可分。这一点埃及的两卷用僧侣文写成的纸草书——莱茵德纸草书和莫斯科纸草书已经给出了证明。什么是纸草书呢？它是以生长在尼罗河三角洲的一种和芦苇相似的莎草科水生植物为材料，将其先劈成小条，摊开在光滑的木板上，然后捣碎晒干形成黄色纸片，最后被粘成一幅长卷，用来写字，形成“纸草书”。纸草书和我国古代的竹简一样，都是保存文明成果的工具。

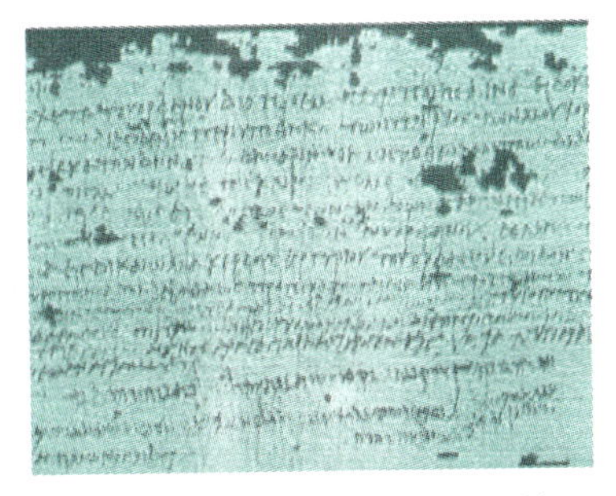

纸草书和我国古代的竹简一样，都是保存文明成果的工具

古埃及的数学知识包括算术、代数和几何三个方面。

在古埃及前王朝时期，他们就创立了完整的数字符号，从1到9都用竖着摆的小棒来

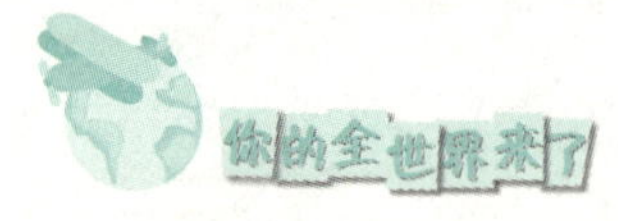

表示，比如4是上面三根竖立的小棒，下面一根竖立的小棒；5是上三下二；6是上三下三；10是下弯的绳索，样子像大写的U；100是一卷弯曲的绳索；1000是用一种测量绳的把手表示；1万是用一个手指头表示；10万是小蝌蚪的形状，取其众多之意；100万是一个双手高举的人。这些数字符号是数学的基础，正是有了这个基础，才有数学的深入发展。

除了数字符号，古代埃及人还创建了完整的运算法则，有加法、减法、倍乘、分数算法，以及一元一次方程和一元二次方程，但这些主要以生活中的实际应用题目出现。

埃及人很早就用十进制记数法记数，但他们却不知道位值制，每一个较高的单位用特殊符号来表示。例如111，象形文字写成三个不同的字符，而不是将1重复三次。埃及算术主要是加法，而乘法是加法的重复。

在古埃及，人们对平面几何和立体几何也有深度的认识，他们把几何学看作实用工具。尼罗河定期泛滥，会淹没全部谷地，水退后需要重新丈量土地，每年都是如此，所以古埃及在丈量土地和建筑设计方面也有自己的高明之处。这些都涉及几何学，所以几何学在他们的生活中得到了更多的应用。他们还能给出圆面积的计算方法，就是将直径减去它的$\frac{1}{9}$再平方，计算结果相当于用3.1605作为圆周率，不过当时还没有圆周率的概念。

纸草书上还有关于等差数列、等比数列的问题，但占特别重要地位的是分数算法，即把所有分数都化成单位分数（分子是1的分数）的和，虽然看上去这种算法不是很简单。另外，古

埃及人计算矩形、三角形和梯形面积等的结果，和现代的计算值都十分相近。

埃及人对几何知识的掌握还体现在建筑方面，如他们建造了许多金字塔，在建造时正方形底边的误差只有 $\frac{1}{14000}$，基底直角的误差只有 $\frac{1}{27000}$，误差都非常小。此外，金字塔的各个正面都准确地对着东、南、西、北。

埃及人对几何知识的掌握还体现在建筑方面，如他们建造了许多金字塔

总之，古代埃及人积累了一定的实践经验，但还没有上升为系统的理论。没有形成论证数学，这是非常遗憾的。

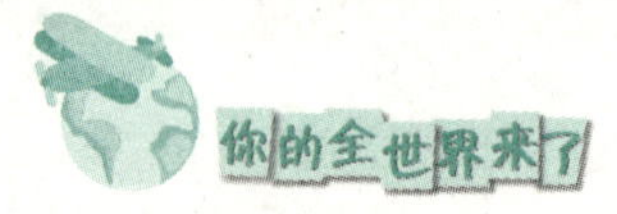

10 黄金分割及其应用

“黄金分割”这个词，乍一听，可能会产生误会，它可不是要分割黄金，而是一种比喻的说法，是说这种分割的比例像黄金一样珍贵美好。那么，这个比例具体是怎么样的呢？

把一条线段分割为两部分，使其中一部分与全长之比等于另一部分与这部分之比，它的比值是一个无理数，取其前三位数字的近似值是0.618。由于按此比例设计的造型十分美丽，因此称为黄金分割，也称为中外比。

黄金分割又是谁提出的呢？

公元前4世纪，古希腊数学家欧多克索斯第一个系统研究了这一问题，并建立起比例理论。

公元前300年前后欧几里得撰写《几何原本》时吸收了欧多克索斯的研究成果，进一步系统论述了黄金分割，《几何原本》成为最早的有关黄金分割的论著。

黄金分割在文艺复兴前后，经过阿拉伯人传入欧洲，受到欧洲人的欢迎，他们称之为“金法”。17世纪欧洲的一位数学家，甚至称它为“各种算法中最宝贵的算法”。这种算法在印度称之为“三率法”或“三数法则”，也就是我们现在常说的比例方法。

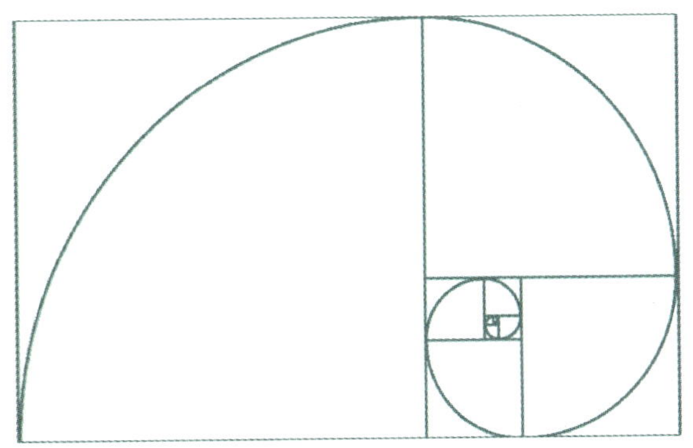

黄金分割在文艺复兴前后，经过阿拉伯人传入欧洲，受到欧洲人的欢迎，他们称之为“金法”

为什么黄金比例这样倍受推崇？

人们认为如果符合这一比例的话，就会显得更美好，更协调，更具美感。在生活中“黄金分割”的应用很多。

肚脐到脚底的距离与头顶到脚底的距离之比是0.618的人看起来身材更匀称。

眉毛到脖子的距离与头顶到脖子的距离之比是0.618的人看起来五官比较端正。

22~24 ℃是人体感觉的舒适温度，它是人体正常体温37 ℃的黄金分割。

不仅人体与黄金分割有关，一些艺术品的美也与黄金分割有关。

美丽的埃及金字塔的塔高与底座的边长之比是0.618。

同学们熟知的达·芬奇的名画《蒙娜丽莎》也是根据黄金比例构图的。

达·芬奇的名画《蒙娜丽莎》也是根据黄金比例构图的

在舞台上，正中央的位置并不是最佳，而是偏在台上一侧，以站在舞台长度的黄金分割点上的位置最美观，声音传播得最好，所以有经验的主持人并不是站在舞台中央。

在摄影构图中，将主体景物安排在黄金分割点附近，能更好地发挥主体景物在图面上的组织作用，有利于周围景物的协调和联系，容易引起美感，产生较好的视觉效果，使主体景物更加鲜明、突出。

这个数值的作用不仅体现在诸如绘画、雕塑、音乐、建筑等艺术领域，而且在管理、工程设计等方面也有着不可忽视的作用。

近几十年来，出现了一种新的数学方法——最优化方法，给黄金分割找到了一种新的实际应用。在很多科学实验中，选取方案常用一种0.618法，即优选法，它可以使工作人员合理地安排较少的试验次数找到合理的工艺条件，节省时间和原材料。

黄金分割总能给人们带来无限的惊喜，它无处不在，却又让人难以琢磨，这也许就是它的魅力所在。

11 世界上第一位女数学家

世界上第一位女数学家叫海帕西娅，她出生在埃及的亚里山大城。海帕西娅不仅是著名的数学家，还是天文学家和哲学家。

很小的时候，她就开始从父辈那里学习数学知识，除了刻苦学习，父亲赛翁还发现她极有天赋。十岁左右，她就掌握了相当丰富的算术和几何知识，并开始阅读数学大家的专著。她知道了可以运用相似三角形对应边成比例的原理测量金字塔的高度。十七岁时，她参加了全城芝诺悖论的辩论，这次辩论，海帕西娅的出色表现让她名声大震。亚里山大城人都知道她是一个非凡的女子，不仅容貌美丽，而且聪明智慧。到了二十岁，她几乎读完了当时所有数学家的名著。这些名著包括欧几里得的《几何原本》、阿波罗尼斯的《圆锥曲线论》、阿

海帕西娅

基米德的《论球和圆柱》等。

为了学习更多的知识，开阔眼界，海帕西娅于公元390年的一天来到了著名的希腊城市——雅典。她开始接受灿烂的希腊文明的熏陶和启迪，进一步学习数学、历史和哲学。她对数学的精通，尤其是对欧几里得几何的精辟见解，令雅典的学者钦佩不已。如果不是亲眼见到，他们绝不会相信这一切是真的。人们把这位二十出头的姑娘当作了不起的数学家。此后，她又到意大利访问，结识了当地的一些学者，并与之探讨有关的数学问题。大约公元395年，她回到家乡。回到家乡的海帕西娅已经是一位相当成熟的数学家和哲学家了。

海帕西娅于公元390年的一天来到了著名的希腊城市——雅典

海帕西娅崇尚自由、民主，反对宗教束缚和专制。许多来自欧洲、亚洲、非洲的青年聚到亚历山大拜她为师，学生们都喜欢听她讲课。几年后，海帕西娅成了亚历山大最引人注目的

学者。

她的声望还吸引了一些基督教徒成为她的学生。她处在一个愚昧迷信和宗教狂热的时代，教会为自己的教徒被一个不信教的科学家吸引而恐慌恼火，攻击她为“异教徒”，一直想找机会除掉她。这时海帕西娅已经发现自己处于十分危险的境地，但她相信邪不压正，不惧恶势力，仍然执着地追求着科学的进步。

她和父亲一起修订了600年前的《几何原本》，这本书成为当今各种文字的《几何原本》的始祖。海帕西娅还评注了阿波罗尼斯的《圆锥曲线论》，并在此基础上写出适于教学的普及读本。她与父亲合写了《天文学大成评注》，独立写了《天文准则》等，这在当时是非常了不起的贡献。

以海帕西娅的聪明才智和渊博的学识，她本可以更有作为。但是在公元415年的一天，她被反科学的狂热基督徒以反对异教和邪说为名抓住，进行了残忍的迫害，最后那些惨无人道的教徒们把她扔进了燃烧的火堆。当时她只有45岁。这是海帕西娅的悲剧，更是那个愚昧时代的悲剧。

海帕西娅为自己热爱的数学事业付出了生命的代价，她对科学的执着精神成为后人学习的楷模。让我们对这位无私无畏的早期的女数学家致敬！

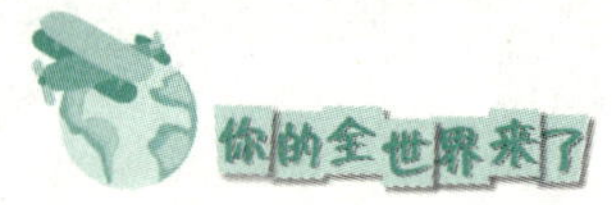

12 财政“赤字”的来历

用一个大的数减去一个小的数，比如8−3，很容易得到结果为5，然而用一个小的数减去一个大的数，比如3−8，结果如何？你可能已经会算了：还是用8减去3，再在得数5前面加一个负号，得到−5。可是，−5究竟有什么含义呢？人类又是何时、因为何事引入了负数呢？

我们在生活和学习中经常遇到各种相反意义的量。早在2000多年前，毕达哥拉斯学派就认为世界存在以下10对对立概念：一与多、奇与偶、左与右、雄与雌、直与曲、善与恶、亮与暗、动与静、正方与长方、有界与无界。想必你也会经常遇到相互对立的事，比如零花钱的收入与支出。如果父母给你的零花钱不够花，收入总值就是负数了。

据史料记载，2000多年前我国就有了正负数的概念，并掌握了正负数的运算法则。可以说，数学引入负数使人类突破自然数的范围，是我国历史上对数学的最大贡献，是人类文化发展史上的重要一步。

三国时期，刘徽首先给出了正负数的明确定义。他说：“今

三国时期，刘徽首先给出了正负数的明确定义

两算得失相反，要令正负以名之。”意思是说，在计算过程中遇到具有相反意义的量，要用正数和负数来区分它们。刘徽还给出了区分正负数的方法，他用红色算筹摆出的数表示正数，用黑色算筹摆出的数表示负数；也可以用正着摆的算筹表示正数，斜着摆的算筹表示负数。用不同颜色表示正负数的习惯一直沿用至今，比如账目上用红色表示负数；新闻上说某国经济上出现赤字，表明支出大于收入，财政上亏了钱；又如股票涨了标成红色，跌了标成绿色。这和刘徽的方法基本一致。

我国古代著名的数学专著《九章算术》最早提出了正负数加减法的计算法则，翻译成现在的话说就是：“同号两数相减，等于其绝对值相减，异号两数相减，等于其绝对值相加。零减正数得负数，零减负数得正数。异号两数相加，等于其绝对值相减，同号两数相加，等于其绝对值相加。零加正数等于正数，零加负数等于负数。”当然，异号数字相加减的结果还有正负的问题。这段被称为“正负术”的关于正负数的计算法则，与现在的法则完全一致！

负数在国外被认知，比中国要晚得多。与我国古代数学家不同，西方数学家更多的是研究负数存在的合理性。16、17世纪欧洲大多数数学家不承认负数是“数”。帕斯卡认为用0减去

4是纯粹的胡说。帕斯卡的朋友更是提出一个有趣的说法来反对负数，他认为按照等式（-1）:1=1:（-1），那么较小的数与较大的数的比怎么能等于较大的数与较小的数的比呢？直到1712年，连莱布尼茨也不承认这种说法的合理性。英国著名的代数学家德·摩根在1831年仍认为负数是虚构的。他用以下例子说明这一点：“父亲56岁，其子29岁。问何时父亲年龄将是儿子的二倍?”他列方程 $56+x=2\times(29+x)$，并解得 $x=-2$ 。他称此解是荒唐的。

英国著名的代数学家德·摩根在1831年仍认为负数是虚构的

随着19世纪整数理论基础的建立，负数在逻辑上的合理性才真正地建立起来。

现在，正负数的使用已经相当普遍了，如温度的高低、买卖的盈亏、楼层的位置等。当然，你的零花钱账目也可以非常方便地用正负数来管理啦。

13 数字有多少种?

你一定知道自然数。什么是自然数呢?就是最自然的数。1个人、3匹马、5个苹果……能够自然数出来的数就是自然数。

“数学”一点,自然数可以指正整数1、2、3、4……也可以指非负整数0、1、2、3、4……自然数里有没有0,这一直是一个有争议的问题。认为自然数不包含0的一个理由是人们在开始学习数字的时候是由1、2、3开始,而不是由0、1、2、3开始, 因为这样“不自然”。你的意见呢?

两个自然数相加或相乘的结果仍为自然数,但相减或相除的结果可不一定都是自然数了。例如,3和5都是自然数,3+5=8,3×5=15,8和15还都是自然数,而3−5和3÷5各等于多少?显然,两个结果都不会是自然数。从3里边减去5,一看就知道不够减,但这不一定就没有意义。比如你前进了3步,后退了5步,一共前进了多少步?可以说你前进了−2步。于是,人们引入了第一种非自然的数——负数,这是我们中国人对世界的一个重大贡献呢。既然3里面没有5,用3除以5就不够1,于是人

们又引入了另一类数字——分数和小数。3÷5就写成了分数$\frac{3}{5}$或小数0.6。

说到分数就不得不提到毕达哥拉斯学派，这个学派认为“万物皆数”，这里的数指的是整数和可以表达成整数的比的数，比如3:5，由此产生了分数。而分数向小数的转换不一定顺利：有的分数是除不尽的，是不断循环的。无论如何，有限小数和无限循环小数都可以归到分数。毕达哥拉斯学派认为整数和分数是符合理性的数，称为有理数。

毕达哥拉斯学派最重要的成果就是毕达哥拉斯定理，也就是我们通常所说的勾股定理。毕达哥拉斯的弟子希伯斯应用该定理计算一个直角三角形的斜边时令他困惑。这个直角三角形的两个直角边长度都是1，计算出斜边长度为$\sqrt{2}$。$\sqrt{2}$既不是自然数，也无法表示为两个整数的比，而且小数部分是无限不循环的。也就是说，$\sqrt{2}$不是有理数！经过后人的研究，把这类不能表达为两个整数比的无限不循环小数叫做无理数。

希伯斯

到现在，我们就有了有理数和无理数。有理数包括正负整数、正负分数和0，无理数是正负无限不循环小数。

笛卡尔

有了有理数和无理数，就能解决数的所有问题了吗？还不行！像$x^2+1=0$这样最简单的二次方程，就无法在有理数和无理数中找到解：两个相同的数相乘，怎么能等于−1呢？12世纪的印度数学家婆什伽罗认为这个方程是没有解的。正数的平方是正数，负数的平方也是正数，所以一个正数的平方根有两个，一个正数和一个负数；负数没有平方根，因此负数不能由平方得来。16世纪的意大利数学家卡当在其著作《大术》中，不得已使用记号表达负数的平方根，但他认为这仅仅是个表示而已，没有任何实际意义。1637年法国数学家笛卡尔在其《几何学》中第一次给出“虚数”的名称，并将有理数和无理数称为“实数”。以当时的观念，人们认为虚数并不是真实存在的，是虚假的、想象中的数。1777年瑞士数学家欧拉使用字母i作为虚数单位，沿用至今。但当时欧拉说虚数是想象的数，因为它们所表示的是负数的平方根。

后来逐步证明，由实数和虚数共同构成的“复数”在很多领域得到了广泛应用。

数一数，数字大家庭都有哪些成员？

14 阴阳八卦与计算机

你听说过阴阳八卦吗？大家注意，这里的八卦可不是“八卦新闻”里的八卦哦。

阴阳是一种古代的对立统一学说，是中国古代文明中对蕴藏在自然规律背后的要素的描述，是奠定中华文明逻辑思维的核心基础。

用现代语言来讲，阴阳代表着事物最基本的对立关系。怎么理解对立呢？对立，就是两种事物之间相互排斥、相互矛盾、相互斗争、相互抵消、相互抑制、相互中和或相互补充的作用。对立，还体现在两种事物的相互关联。比如天与地、日与月、昼与夜、寒与暑、男与女、夫与妻、内与外、上与下、对与错等，都是对立关系。《周易·系辞》中有“一阴一阳谓之道”，就是说，阴阳的理论是宇宙的终极真理。

相传，中华民族的始祖之一——伏羲受蔡河里乌龟和怪物的启发，悟出了天地万物的变化规律不过就是阴和阳的关系而已。蔡河，就是楚汉相争时刘邦、项羽两军对峙的鸿沟，在今天的河南省荥阳市境内，有时间你可以去看看。

伏羲发现了阴阳的关系，就用两个短横“--”表示阴，叫阴爻（yáo）；用一个长横“—”表示阳，叫阳爻。接着，伏羲又将3个阴爻和阳爻排列起来，形成了八卦——这才是真正的八卦！

看看下面这个八卦图。中间是太极，《易传·系辞上传》上说：“易有太极，是生两仪，两仪生四象，四象生八卦。”展开来就是它们的对应关系。

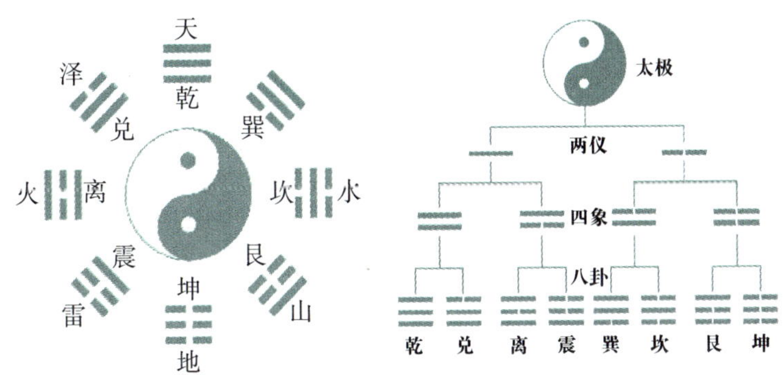

八卦分为乾、坤、震、巽（xùn）、坎、离、艮（gèn）、兑（duì），分别代表天、地、雷、风、水、火、山、泽。八卦的理论可是我们中华民族传统文化的一块巨大的基石。古人利用八卦图以及后来衍生出的64卦解释自然和人类的一切现象，其成果包括从古代沿用至今的中医。

仔细观察八卦图，发现8个卦象包含了阴爻和阳爻的全部排列。你可以马上动笔画一画、试一试，既不能少，也不能多！

如果我们用0来代表阴爻，用1代表阳爻，乾、坤、震、巽、坎、离、艮、兑就可以写成111、000、001、110、010、

101、100、011。再调整为如下的顺序：000、001、010、 011、 100、 101、110、111——这不正是二进制从0到7的顺序吗?!

1678年，莱布尼茨发明了计算机

二进制是伟大的德国数学家莱布尼茨在17世纪发明的。1678年，莱布尼茨发明了计算机（注意这里是机械计算机，用手摇动齿轮来计算，和现在我们使用的电脑可不是一回事），为了满足计算机的需要，他引入了二进制。1679年，莱布尼茨发表了一篇名为《二进制算术》的文章，对二进制做出完整的描述。莱布尼茨当年的努力为300多年以后人类发明更实用的电子计算机奠定了基础。

关于莱布尼茨发明二进制和中国八卦的关系，世界上有两种说法。一种说法认为，莱布尼茨受到了八卦的启发，发明了二进制；另一种说法认为，莱布尼茨发明了二进制以后，得到了法国传教士白晋从中国带给他的八卦图，他异常兴奋，从此爱上了中国文化，成了中国文化在欧洲传播的使者。《中国近况》一书中，莱布尼茨写道："全人类最伟大的文化和最发达的文明仿佛今天汇集在我们大陆的两端，即汇集在欧洲和位于地球另一端的中国。"

应该看到，无论如何，我们自己并没有把八卦上升到数学，进而发展成为二进制。

15 计算机里的数字

计算机里的数字是二进制的，好像大家都知道。

为什么计算机不采用十进制而是二进制呢？

我们已经习惯了十进制，因为正常人都长了10根手指，“掐指一算”嘛，多么方便。于是，就有了0、1、2、3、4、5、6、7、8、9这10个数码。

机器用什么表示或区分数码呢？用不同的“物理状态”。使用十进制，就要表达0~9这10个数码，需要有10个对应的物理状态。计算机由电路组成，物理状态在计算机里就是电路的工作状态，比如电流、电压的数值。电路里要用10个相同的物理量（比如10个电压数值）代表10种状态比较困难。

如果用0 V（V是电压单位伏特的符号）代表0，1 V代表1，……，9 V代表9，不但复杂，而且这些电压之间的差别不是很大，容易受到干扰。而二进制呢，只有两个数码0和1，区分它们的物理状态就很简单了，比如说电压高一些还是低一些，只需要两个电压值，而且这两个值可以差别比较大，容易实现。这样既有利于区分，也不易受干扰。

二进制的缺点主要有两个：一个是和十进制比较，如果表达相同的数字，二进制的数位长一些；另一个是二进制数看上去不直观。但这些问题用计算机处理后，作为人机界面，我们见到的还是熟悉、亲切的十进制数。

在电路上区分两种状态比较容易，比如可以用低电压代表数字0，高电压代表数字1。但计算机是如何使用0和1来表示二进制数字的呢？它是通过逻辑电路来实现的。

逻辑电路的基础或者说工具就是逻辑代数，也叫布尔代数。1854年，英国数学家布尔发表著作《思维规律研究》，标志着逻辑代数的诞生。

布尔

逻辑问题本来是关于真或伪、是或非的问题。逻辑代数中最基本的逻辑关系是与、或、非。逻辑“与”和逻辑“或”就是两个条件句：只有……才……和只要……就……“与”是只有条件都满足，事件才发生；“或”是只要一个条件满足，事件就发生。比如：只有家庭成员都回来了才能开晚饭，这就是“与”；只要家里有一个人回来就开晚饭，这就是“或”。你家吃晚饭是“与”还是“或”呢？

逻辑“非”有点奇怪：当条件不满足时，事件发生；条件满足时，事件反而不发生。这有点类似逆反心理：妈妈爸爸让你向西，你偏向东。这样可不太好啊！

电路通过逻辑关系实现逻辑运算。逻辑“伪”和逻辑“真”可以分别用0和1表达，这和中国古代文化的阴阳也是一致的：我们可以用0表示阴，用1表示阳。

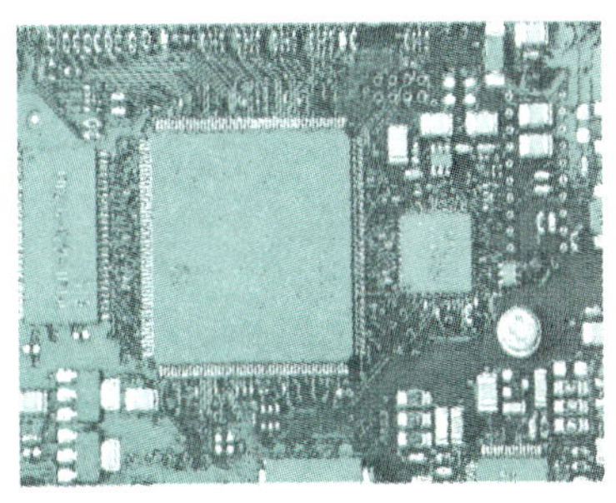

电路通过逻辑关系实现逻辑运算

用0和1表示对立关系，有两种方式：正逻辑和负逻辑。符合我们一般思维习惯的是正逻辑。例如，在高低电压中，用1代表高电压；在阴阳中，用1代表阳；在是与非中，用1代表是；在发生与不发生中，用1代表发生；等等。如果把1和0代表的内容反过来，就是负逻辑了。需要特别注意，这里的0和1只是逻辑值，并不代表数字！

如果逻辑关系复杂，表达逻辑关系的值也会相应复杂。比如用0表示不在家、1表示在家，妈妈、爸爸和你在不在家，就有000、001、010、011、100、101、110、111，一共8种情况，这样用0和1表达的就是二进制数字了！

计算机就是这样，用电路进行逻辑运算，再把逻辑运算的结果罗列起来，形成二进制。

像十进制一样，二进制也能表达任意的数字。从这个意义上讲，计算机可以做任何事情。

16 进位制

进位制，又叫进位计数制，它是利用固定的数字符号和统一的规则来计数的方法。

先介绍一下在我们的日常生活中最常见的进位制。十进制经历了漫长的历史过程，是我们最熟悉的，也是应用最普遍、最广泛的。十进制编码几乎就是数值本身。十进制的基数为10，数码由0~9组成，计数规律是逢十进一。由于人类双手共有十根手指，所以在人类自发采用的进位制中，十进制是使用最普遍的一种。从某种意义上来说，成语“屈指可数”描述了一个简单的计数场景，而原始人类在需要计数的时候，首先想到的就是利用天然的算筹——手指来进行计数。

埃及人最早使用十进制计数法，但不是位值制。巴比伦人采用的是十进制和六十进制。中国是世界上最早采用十进位值制计数法的国家。

在商代，中国已经采用了十进位值制。从发现的商代陶文和甲骨文中可以看到，当时已经能够用一、二、三、四、五、六、七、八、九、十、百、千、万共十三个数字，记十万以内的任何自然数。这些记数文字的形状，在后世虽变化成为现在的写法，但记数方法没有中断，一直被沿用，并日趋完善。十进位值制是古代世界中最先进、最科学的记数法，对世界科学和文化的发展有着不可估量的作用。

从发现的商代陶文和甲骨文中可以看到，当时已经能够用一、二、三、四、五、六、七、八、九、十、百、千、万共十三个数字，记十万以内的任何自然数

再介绍一下六十进制：六十进制是以60为基数的进位制，源于公元前3世纪的古闪族，后传至巴比伦，流传至今仍用作记录时间、角度和地理坐标。数字60有12个因子，即1、2、3、4、5、6、10、12、15、20、30和60，其中2、3和5是质数。由于拥有较多因子，六十进制的数可被较多数整除。换言之，可以分拆成多种不同的时间长度，例如1小时可以被看作2个30分钟、3个20分钟、4个15分钟等。60也是可同时被1至6整除的最小的数字。流传至今的有1时=60分，1分=60秒。圆周角360

度，1度=60分，1分=60秒等。

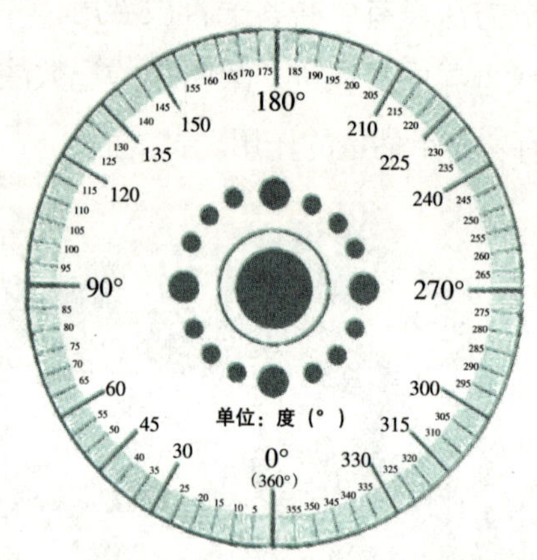

圆周角360度，1度=60分，1分=60秒

除了上面介绍的两种进位制，人们还使用过其他进位制。比如罗马数字就是五进制，用V表示5，而“V”实际上是一个手掌的形象。另外，还有十二进制，逢十二进一，比如1罗=12打，1年=12个月，1英尺=12英寸。

当然还有二进制。1946年，第一台电子计算机问世，二进制数字被用作计算机的基本数。二进制简洁，容易表达，有两个特点：由两个数码0、1组成，运算规律是逢二进一。当前的计算机系统使用的基本上是二进制系统，但用它表示数时，书写冗长，为解决这个矛盾，电子计算机还采用了八进制、十六进制等。

虽然数的进位制有多种，但是世界上大多数地区使用的还是十进制。

17 最早的数学家泰勒斯

同学们，你们了解了许多数学家的故事，但是你知道最早的数学家是谁吗？他是古希腊的数学家泰勒斯。

泰勒斯生于公元前624年，是古希腊第一位闻名世界的大数学家。他早年经常去埃及旅行，在游历过程中认识了古埃及人在几千年间积累的丰富的数学知识。他勤奋好学，勇于探索，不迷信前人，这些良好的品质使得他在数学领域取得了巨大成就。

泰勒斯

泰勒斯在数学方面的贡献是引入了命题证明的思想，这一思想标志着人们对客观事物的认识从经验上升到理论，这在数学史上是一次不寻常的飞跃。在数学中引入逻辑证明，它的重要意义在于：保证了命题的正确性；揭示各定理之间的内在联系，使数学构成一个严密的体系，为进一步发展打下基础；使数学命题具有充分的说服力，令人深信不疑。

泰勒斯最先证明了以下定理:

1. 圆被任一直径二等分。

2. 等腰三角形的两底角相等。

3. 两条直线相交，对顶角相等。

4. 半圆的内接三角形，一定是直角三角形。

5. 如果两个三角形有一条边以及这条边上的两个角对应相等，那么这两个三角形全等（这个定理也是泰勒斯最先发现并最先证明的，后人常称之为泰勒斯定理）。

泰勒斯提出的理论、定理一直沿用至今，为后世的科学发展奠定了基础，他也被后人誉为人类历史上最早的科学家，有“科学之祖”之称。

当时埃及人听说有人可以测量金字塔的高度，都觉得不可思议

泰勒斯把埃及的测地术引进希腊，并且发展成几何学，他还成功地运用相似三角形的办法测量出埃及金字塔的高度。据

说，当时埃及人听说有人可以测量金字塔的高度，都觉得不可思议。法老也来到了现场，还有不少围观百姓。他们都非常好奇泰勒斯如何用一把尺子测量上百米高的金字塔。而泰勒斯只是静静地站在金字塔的旁边，阳光把他的影子投在地面上，每过一会儿，就让人测量他的影子长度，当测量值与他的身高完全吻合时，他便立刻在大金字塔的投影处做一记号，然后丈量金字塔底到投影尖顶的距离。这样，他报出了金字塔确切的高度。人们听到后议论纷纷，不知道到底是什么原理。在法老的请求下，泰勒斯向大家讲解了如何从“影长等于身长”推到“塔影等于塔高”的原理，也就是现在所说的相似三角形定理。

泰勒斯还提出太阳直径是日道的 $\frac{1}{720}$，这个数字比我们当今知道的太阳直径只差了一点儿。太阳直径如此之大，而当时并没有先进的测量仪器，全靠数学方法的推算，由此可以想见泰勒斯的数学成就。

论证、推理才能确保数学命题的正确性，才能使数学具有理论上的严密性和应用上的广泛性。正是因为泰勒斯的积极倡导，为毕达哥拉斯创立理性的数学奠定了基础。

人们为了纪念泰勒斯的成就，在他的墓碑上刻上了如下文字：

这位始祖之墓虽然不甚宏伟，
但在日月星辰的王国里，
他顶天立地，
万古流芳。

18 数学学科的“诺贝尔奖”

同学们都知道举世闻名的诺贝尔奖，细心的同学一定会发现诺贝尔奖中设置了物理学奖、化学奖、生理学或医学奖、天文奖、和平奖五项，却没有数学奖。那么，在数学学科方面还有没有其他权威性和国际性的奖项？当然有，著名的菲尔兹奖就被称为数学学科的“诺贝尔奖”。

著名的菲尔兹奖就被称为数学学科的“诺贝尔奖”

菲尔兹

菲尔兹奖由国际数学家联合会主持评定并在国际数学家大会上颁发，每四年颁发一次，每次颁发给2~4位有卓越贡献的年轻数学家。获奖者必须在该年元旦前未满四十岁，每人将得到15000加拿大元的奖金和金质奖章一枚。它的权威性和国际性以及所享有的荣誉都不亚于诺贝尔奖。

第一次菲尔兹奖颁发于1936年。最初菲尔兹奖并不为大多数人熟知，可是30年后，它的声誉不断提高，并被人们确认：对于青年人来说，菲尔兹奖是国际上最高的数学奖。

这个奖项的产生源于科学家菲尔兹。菲尔兹是加拿大的数学家和教育家，1863年5月14日生于加拿大渥太华。他从小热爱数学，17岁进入多伦多大学学习数学，26岁担任美国阿勒格尼大学教授，1902年在多伦多大学执教。他主张数学发展应是国际性的，这一主张对促进北美洲数学的发展有独特贡献。

为了使北美洲的数学发展尽快赶上欧洲，他第一个在加拿大推进研究生教育，同时全力筹备并主持了1924年在多伦多召开的国际数学家大会。大会对于促进北美洲的数学发展和数学家之间的国际交流产生了深远影响。当他得知这次大会的经费有结余时，就萌发了把它作为基金设立一个国际奖金的念头。他为此积极奔走于欧美各国谋求广泛支持，并打算于1932年在

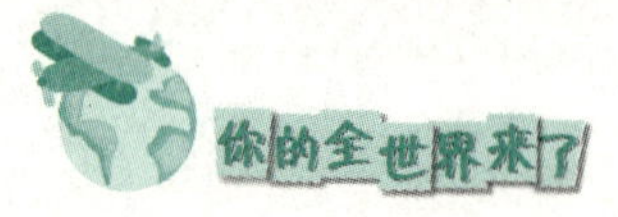

苏黎世召开的第九次国际数学家大会上亲自提出建议。但不幸的是未等到大会开幕他就离开了人世。

菲尔兹在去世前立下遗嘱，他把自己的遗产加到上述剩余经费中，由多伦多大学数学系转交给第九次国际数学家大会，大会立即接受了这一建议。菲尔兹本来要求奖金不要以个人、国家或机构来命名，而用“国际奖金”的名义，但是参加国际数学家大会的数学家们为了赞许和缅怀菲尔兹的远见卓识、组织才能和他为促进数学事业的国际交流所表现出的无私奉献的伟大精神，一致同意将该奖命名为“菲尔兹奖”。

菲尔兹奖延续至今，截至2017年，共授予了56人。据相关资料统计，获奖人数最多的大学是哈佛大学，一共有18人获奖；获奖最多的是美国人，其次是法国人。第一位获得菲尔兹奖的女性是伊朗数学家玛利亚姆·米尔札哈尼。获奖者中也有华裔数学家，他们分别是1982年获奖的数学家丘成桐和2006年获奖的数学家陶哲轩。

19 埃及金字塔留下的谜团

金字塔是古代埃及的文明成果，也是埃及的象征和骄傲。

金字塔

金字塔是古代埃及奴隶制国王、王后或其他王室成员为自己修的陵墓，用来满足他们追求来世的心愿。它们是高大的角锥体建筑物，底座四方形，每个侧面都是三角形，样子像汉字的“金”，因此叫金字塔。在埃及发现的金字塔有80座，其中最著名的是胡夫金字塔，也叫大金字塔，被称为古代世界七大奇迹之一。这座金字塔规模宏大，巍峨壮观，让后人叹为观止，同时也留给世人许多未解之谜。

4000多年前，生产力并不发达，人们是用什么工具把一块块几吨、十几吨甚至上百吨的石头砌到一百多米高的呢？又是用什么工艺把它建造得如此坚固？另外，当时是如何对胡夫金字塔表面的白色大理石进行光学切割的呢？因为其精确程度足可以与美国帕洛马山天文台的五米口径海光头反射望远镜相媲美。如果这些外壳没有被阿拉伯人破坏，大金字塔将是今天最重要的光学仪器。

拿破仑带领大军进入埃及时，就研究过胡夫金字塔，结果发现这座金字塔中竟然包含着许多让人难以相信的数字和数学知识。

拿破仑带领大军进入埃及时，就研究过胡夫金字塔，结果发现这座金字塔中竟然包含着许多让人难以相信的数字和数学知识

胡夫金字塔的四个等腰三角形面正对着东、西、南、北四

个方向，没有偏差。它内部的直角三角形厅室，各边长的比例是3:4:5，刚好体现了勾股定理的数值。它的质量约为6000万吨，如果乘以10^{15}，正好是地球的质量。这座金字塔的塔高为146.59米，其10亿倍等于1465.9亿米，这个距离和地球到太阳的距离的平均值1495.9亿米，仅相差30亿米。如此接近的距离超乎人们的想象。

金字塔每一侧面的面积都等于棱锥高的平方，所以金字塔是一个倾斜角为51度52分的四棱锥。凡是倾斜角在52度左右的这种角锥，其底边长度与高度之比的二倍都近似等于3.14159，这是直到公元3世纪时，人们才得到的圆周率的最高精度。

金字塔底每边长230米，误差小于20厘米，塔高146.59米，相当于40层楼高，东南角与西北角的高度误差仅1.27厘米。如此的精准度，当今的技术也难达到。用来砌大金字塔的巨石有230块，每块的质量从1.5吨到160吨不等，石块间的接缝连削铅笔的刀片都难插入。

穿过金字塔的子午线，恰好把地球上的陆地与海洋分为相等的两部分，塔的重心正好坐落在全世界各大陆的引力中心上。引出一条正北方向的延长线，尼罗河三角洲就相等地分成两半。现在人们把那条假想的线延伸到北极，就会看到延长线只偏离北极的极点6.5千米，如果考虑到北极点不断变动这一情况，可以想象，很可能在当年建造胡夫金字塔时，那条延长线正好和北极点重合。

种种迹象表明，胡夫金字塔留给我们太多的东西，只有我们不断地提高自己的知识水平，才能更好地破解金字塔的谜团。

20 数学奥林匹克的历史

中国数学奥林匹克竞赛由中国数学会主办，是全国中学生级别最高、规模最大、最具影响力的数学竞赛。分数高的可以参加国际奥林匹克数学竞赛，获奖选手可以取得北京大学、清华大学、上海交通大学等名牌大学的录取资格。1968年，我国首次正式组队参加国际奥林匹克数学竞赛，在这项赛事上，我国的参赛选手获得了非常优异的成绩，多次荣获冠军。

国际奥林匹克数学竞赛创办于1959年

1934年和1935年，苏联开始在列宁格勒（今圣彼得堡）和莫斯科举办中学数学竞赛，并冠以数学奥林匹克的名称。第一届中国数学奥林匹克竞赛是1986年在天津举办的。

国际奥林匹克数学竞赛创办于1959年，是国际中学生数学大赛，目的是发现并鼓励世界上具有数学天分的青少年，为各国进行科学教育交流创造条件。

1959年，在罗马尼亚的布加勒斯特举行第一届国际奥林匹克数学竞赛。奥林匹克数学竞赛是国际科学奥林匹克历史最长的赛事，赛事创建以来，除1980年东道主蒙古国因经济困难中断一次外，已经连续举办60多年。现在约80个国家参加过这项赛事。参赛国从1967年开始逐渐从东欧扩展到西欧、亚洲、美洲，最后扩大到全世界。

比赛要求各个国家派出最多6名参赛中学生、1名领队、1名副领队和观察员。参赛者必须在比赛时未满20岁，且不能有比中学程度高的学历；参加奥林匹克数学竞赛的次数不限。

比赛的拟题方法是除主办国外的参与国家提供问题和解答，由主办国组成拟题委员会，从提交题目中挑选候选题目；各国领队较队员提前数天抵达，共同商议问题和官方答案，并由领队翻译试题。未获选的题目，直至下一届比赛前不予公布，作为各参赛国训练和测试之用。

所有问题从中学数学课程中选出，通常是组合数学、数论、几何和代数、不等式。解决这些问题，参赛者通常不需要更深入的数学知识（大部分参赛者都有，而且实际上需要很多课程以外的数学知识和技巧），但要有异想天开的思维和良好的数学能力，才能给出答案。

竞赛时间分为两天，每天连续进行4.5小时，考3道题目。同一代表队的6名选手被分配到6个不同的考场，独立答题。每道题7分，满分为42分。赛后有两天时间批改答卷。每一题由各国领队和副领队及主办国指定的协调员评改，商议出最后分数。

竞赛设一等奖（金牌）、二等奖（银牌）、三等奖（铜牌），比例大致为1:2:3；获奖者总数不能超过参赛学生的半数。

竞赛设一等奖（金牌）、二等奖（银牌）、三等奖（铜牌），比例大致为1:2:3

国际数学奥林匹克竞赛作为一项国际性赛事，出题范围超出了所有国家的义务教育水平，难度大大超过大学入学考试。有关专家认为，只有5%的智力超常儿童适合学奥数，而能一路过关斩将冲到国际数学奥林匹克顶峰的人更是凤毛麟角。

21 达·芬奇创作中的数学元素

提起达·芬奇，同学们都会想到他是意大利著名画家，他与拉斐尔、米开朗琪罗并称意大利文艺复兴三杰，也是整个欧洲文艺复兴时期的代表之一。他的代表作有《蒙娜丽莎》《最后的晚餐》《岩间圣母》等，其中《蒙娜丽莎》是巴黎卢浮宫的三件镇馆之宝之一。

达·芬奇学识渊博，多才多艺，他在绘画、雕刻、音乐、数学、物理学、建筑学、地理学、医学、军事工程学等许多领域都有建树。

达·芬奇

在达·芬奇的画作中，人们发现了许多神秘的数学元素。他将第三维引入了原本只是平面表现的绘画中，也就是在绘画中处理了空间、距离、体积、质量和视觉印象。三维空间的画面要通过光学透视体系的表达方法。在他的作品中出现的几种方法成为一种数学体系发展过程中的一个重要阶段。

达·芬奇对艺术一丝不苟，细致研究，他最优秀的作品都是透视学的最好典范。

先来看看他的名画《最后的晚餐》，这幅画以《圣经》中耶稣跟十二门徒共进最后一次晚餐为题材，把画面中人物的惊恐、愤怒、怀疑、剖白等神态，以及手势、眼神和行为，都刻画得栩栩如生。在光线选择方面，他非常注意。耶稣背后的窗户是透光的，光线集中在耶稣头上，从而使人们的注意力集中在耶稣身上，突出了重点。画面中一共13个人，12个门徒分成3组，每组4人，对称地分布在耶稣的两边。耶稣本人被画成一个等边三角形，可以更好地表达耶稣的情感和思考，并且让其身体处于一种稳定和平衡状态。

在他的另一部艺术作品《蒙娜丽莎》中，达·芬奇也成功地运用了数学的透视方法，在蒙娜丽莎的后面增添了岩石和流水，制造出了梦幻般的景致。达·芬奇还成功地运用了黄金分割法，使整幅画看上去更符合人的审美。蒙娜丽莎的右手轻轻地搭在左手上，姿势十分优雅，流露出她心境的平和沉稳。这个手臂和手的姿势形成了一个稳定的三角形结构，引导观众的目光随着她的姿势而转动，显示出画面的动态感。

《岩间圣母》是达·芬奇为米兰的圣弗朗切斯科教堂的一间礼拜堂作的祭坛画，这幅画虽属传统题材，但表达手法和构图布局皆表明了达·芬奇的艺术水平之高深。此画以圣母居图中央，她右手扶婴孩圣约翰，左手下坐婴孩耶稣，一天使在耶稣身后，构成三角形构图，并以手势彼此响应。

《岩间圣母》

在《维特鲁威人》这幅画作中，人们还找到了外接圆和外接正方形的影子。

人物、背景的微妙刻画，烟雾状笔法的运用，科学写实以及透视、缩形等技术的采用都显示了其中数学知识的运用。达·芬奇把数学思想融入绘画的方法深深地影响了那个时代，促进了数学的一个全新方向的发展，这就是射影几何。到了19世纪，人们把几何学的这一分支叫做射影几何学。因此，它被称为“诞生于艺术的科学”。

10 节气是阴历还是阳历?

春雨惊春清谷天，夏满芒夏暑相连。秋处露秋寒霜降，冬雪雪冬小大寒。这24个节气，你最熟悉哪个？你可能脱口而出：立春！好。可是立春在什么时候？过年的时候！不准确！“过年”就是春节。查查日历，2020年的春节是1月25日，而立春是2020年2月4日。再查查2019年，春节是2月5日，而立春还是2月4日。原来每年的春节都是正月初一，而每年的立春大致都在2月4日。

“正月初一”，这是阴历；而“2月4日”是阳历。这就引出一个有趣的问题：节气是阴历还是阳历？问问爸爸、妈妈和老师，“阳历”的回答是正确的。其实节气歌还有后面4句：上半年逢六廿一，下半年逢八廿三。每月两节不变更，最多相差一两天。廿，读作niàn，表示20。就

每年的立春大致都在2月4日

是说，上半年的节气大都在阳历6日和21日，下半年的节气大都在8日和23日，最多差一两天。2020年和2019年的立春都是2月4日，符合这个规律。

那么，为什么节气是阳历而不是阴历呢？这要从历法说起。

历法是一种推算年、月、日的关系，制定时间序列的方法。人类因为生产和生活的需要，必须要有一个稳定的计时系统。这个计时系统使人类能够确定每一天在无限时间中的确切位置并记入历史。

世界上各个民族基本上都是把一年分为春、夏、秋、冬四个季节，而中国从很早的时候就又把每个季节分为6个节气。粮食作物的生长和季节相关，也就是说节气和太阳的照射位置相关，而和月亮怎样绕地球转动是没有任何关系的。所以，节气属于阳历而不是阴历。

据史料分析，二十四节气起源于黄河流域。远在春秋时代就有了节气的雏形，之后不断完善，到秦汉年间，二十四节气就完全确立了。公元前104年，当时西方正处于古罗马时代，由邓平等人制定的《太初历》正式把二十四节气归入我国的历法当中，并且明确了每个节气的天文位置。那么，“天文位置”又是怎么回事呢？

原来呀，地球自转轴与绕太阳公转的平面并不垂直。我们每天见到的太阳慢慢在星空背景上移动，一年移动一圈，回到原位，太阳走过的路线叫做“黄道”。我们看到的天赤道的平面与黄道平面不重合，两个平面大约有23.5度的夹角。这两个平面的交角就是黄赤交角。正是由于黄赤交角的存在，地球上产生了昼夜长短、正午太阳的周年变化，从而产生了四季的更替。春分日和秋分日太阳直射赤道，全球各地昼夜等长。

大约公元前5世纪，古巴比伦的天文学家把整个天空想象成一个大球，星星分布在球壳上，这个球壳叫天球，而黄道就是太阳在天球上运动的轨迹，这和我们古代的“天圆地方”有点像呢。

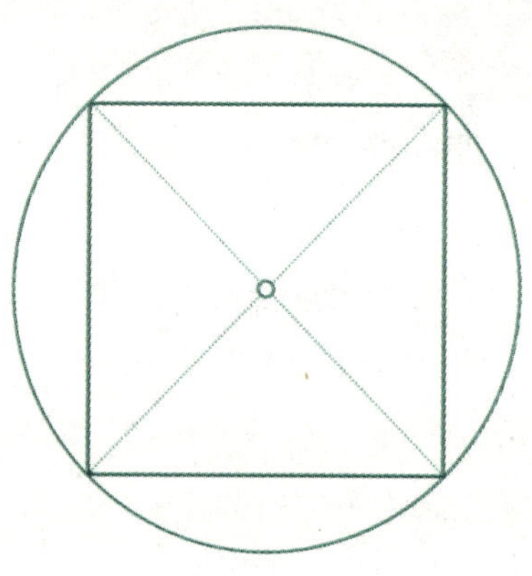

古代的“天圆地方”示意图

太阳从黄经0度起，沿黄经每运行15度所经历的时间为一个节气。每年运行360度，一共24个节气，每个节气15天。

细心的同学可能已经发现，有时候一个节气算起来并不是15天。比如2019年的夏至是6月21日，而下一个节气小满是7月7日，相隔16天。这是因为节气是按黄道的角度精确计算的，而我们的一年是365.2422天，并不是360天！仔细查一查，2019年夏至是6月21日23:54，小满是7月7日 17:20。

更深入一些，你有没有发现每两个节气正好对应一个“星座”呢?

古巴比伦人把黄道分为12个区域，每个区域的一片星星就是一个星座。你是在哪个星座呢?

23 数字成语

说一个人出口成章，其中就包括说话中对成语引用的能力。其实，“出口成章”本身就是一个成语。《诗经·小雅·都人士》有“出言有章”，后来演变成“出口成章”，用来形容说话者文思敏捷或擅长辞令，多含有褒义。

成语是中国汉字语言词汇中定型的词语，不能随意变动。成语多为4字，亦有3字、5字甚至7字以上的。世界各民族语言中都有固定用法的表达语，类似中国的成语。但中国的成语更固定、更稳定、更具特色。

有意思的是，成语不但字数有规律，里面还含有各式各样的数字。从一到十，到百、千、万、亿，都有成语。

成语中含有最多的数字就是“一”。据不完全统计，含有一字的成语有210个之多。比如下面这些带一字的成语，你一定能脱口而出：你把屋子收拾得一尘不染；爸爸批评你几句，你认为他说得你一无是处；原来你不愿学数学，觉得对数学一窍不通……

数字在成语里面都起到什么作用呢？这可要具体成语具体

分析了。

有的成语中的数字就是纯粹的数字。比如：两相情愿，就是两个人或双方都愿意；五脏六腑，指的是心、肝、脾、肺、肾五脏和胃、大肠、小肠、三焦、膀胱、胆六腑，现在统指人体内脏器官，也用来比喻事物的内部情况；十指连心，说的就是我们的十个手指头碰伤了哪一个，心里都感到疼痛；三顾茅庐，说的是东汉末年，刘备请隐居在隆中（今湖北襄阳附近）草舍的诸葛亮出来运筹划策，去了三次才见到。

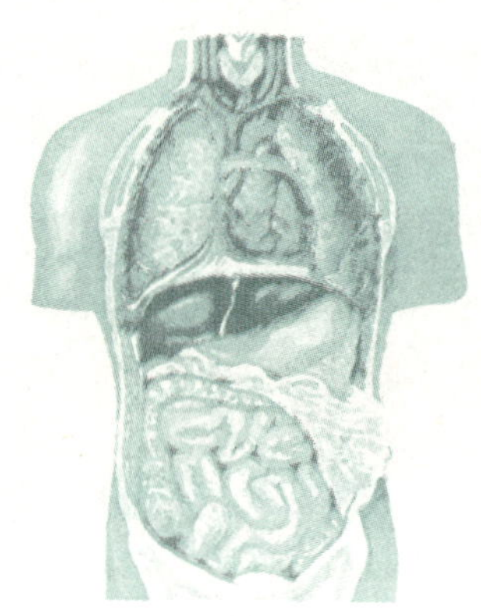

五脏六腑图

有的成语中的数字是比喻或形容。比如：四分五裂，形容不完整、不集中、不团结、不统一；七嘴八舌，形容人多嘴杂，议论纷纷；九霄云外，比喻非常远的地方，远得无影无踪；而入木三分的比喻让人感觉多么深刻，垂涎三尺，多么夸张！

有的成语中的数字用来强调多与少。强调多，常含有三、五、八、百、千、万。比如：接二连三、三番五次、五行八作、八方呼应、百炼成钢、千方百计、千头万

三顾茅庐

绪，都是强调很多。而强调少常用一来表达。比如：一丝一毫、一点一滴、一朝一夕、一针一线、一年半载、一尘不染，都是强调很少。

有的成语中的数字表示多而杂乱，以七□八□的形式最为典型。比如：七零八落、七上八下、七手八脚、七嘴八舌。也有□七□八型的。比如：横七竖八、杂七杂八，当然还有乱七八糟。这类成语都有两个数字。类似的还有五花八门、五光十色、千头万绪等。

有的带数字的成语明显带有贬义，以含有□三□四的形式最为典型。比如：说三道四、不三不四、低三下四、丢三落四、朝三暮四、颠三倒四、挑三拣四等。我们的行为要远离这些成语呀!

有时一个成语可以分为两部分，两部分之间的关系不尽相同。如表示对立关系的有七上八下、一日三秋、杀一儆百、九牛一毛；表示加强关系的有一心一意、一模一样、一穷二白、三令五申、十全十美、百依百顺等。

汉字中还有一些形式变化了的数字，如单、只、半、倍、双、两等，构成的成语如形单影只、祸不单行、事半功倍、举世无双、两小无猜等。别忘了，找一找成语里面有没有零。

成语是哪里来的呢？来自神话、寓言、历史故事、古书句子和日常口语等。所以，多掌握一些成语，我们的综合素质就会变得更高。

写一写，看看你能写出多少成语，特别是带数字的成语。

24 国王赏米

有些数字的运用我们是很容易感知它的大小的，比如表示几根手指、几十名同学等；而有些是不容易用数字表示大小的，比如天上有多少颗星星、月亮有多远等；有些数字，看上去不大也简单，但实际上很大，可能还很复杂，现在我们要介绍的这个故事就包含了这样的数字。

你会下象棋吗？你知道象棋分为中国象棋和国际象棋吗？既然都是象棋，都有“象”，它们的发源和历史就应该有一定的联系。从棋盘来看，都是由方格构成的。今天，我们只研究国际象棋的棋盘，国际象棋的棋盘从古至今都是一样的，具有64个方格。

国际象棋

据说国际象棋是古印度一个叫锡塔的大臣为国王发明的，国王非常喜欢，决定重赏锡塔。

锡塔说：“国王陛下，

您就赏我一点米吧。请您让人将米粒放在棋盘的64个方格内，第1格放1粒，第2格放2粒，第3格放4粒，第4格放8粒，第5格放16粒，就这样，每格比前一格多放一倍，直到把64个棋盘格放满就行了。”

国王听了，觉得锡塔真是个怪人，不要金银财宝、荣华富贵，反而提出这样一个笨要求，这还不容易满足。于是传令大臣：“答应锡塔的要求，从粮库里把米取来。”

在场的每一个人都认为一小袋子米都用不了，就能填满棋盘上的64个方格，有人还忍不住笑出声来。

在场的每一个人都认为一小袋子米都用不了

大臣搬来一袋米，舀（yǎo）出一碗，一粒一粒地填了起来。1粒、2粒、4粒、8粒……前面的几个方格很快就被填满，而此时一碗米还没有用完。但是慢慢地，所用的米开始多了起来，32粒、64粒、128粒、256粒、512粒、1024粒、2048粒……

随着放置米粒的方格不断增多，运放米粒的工具也由碗换成盆，又由盆换成大口袋。这时有大臣提议，不必数了，干脆装满一马车米给锡塔好了！

可是锡塔不同意。当一车米拉来的时候，正好数到第20格。让人想不到的是，这一车米正好填满第20格！

这时可没有人笑了："国王把全国的米都给了锡塔，兴许还填不满那些可恶的棋盘格呢，那样的话我们吃什么！"

可以想象，国王最终无法满足锡塔的要求，对锡塔的聪明大加赞扬。

到底是怎么回事，看上去简简单单的几个数字，竟然令国王都满足不了？要知道，古印度是四大文明古国之一，不会这么点米都没有吧！那就要算算这个数字究竟有多大。

第1个方格放1粒米，就是2的0次方，即$2^0=1$，第2个方格放2粒米，就是2的1次方，即$2^1=2$，第3个方格放4粒米，即2^2……第11个方格放$2^{10}=1024$（粒），第n个方格放2^{n-1}粒，到第64格，就要放2^{63}粒。

64格加起来是多少？是$2^{64}-1$。这个数字有多大？打开计算器，计算得到的数是18446744073709551615！

如果50粒米重1克，折算一下，就是368934881474吨。太难为国王了！

类似地，你可以在家里做一个游戏：拿一张报纸，对折一下，再对折一下，再对折……可以对折多少次？

25 田忌赛马的智慧与诚信

据《史记》卷六十五《孙子吴起列传第五》记载，齐国使者到大梁来，孙膑（bìn）以囚徒的身份秘密拜见，劝说齐国使者。齐国使者觉得孙膑是个奇人，便偷偷把他带回齐国。

齐国将军田忌非常赏识孙膑，待如上宾。田忌经常与齐国国王及众公子赛马，设重金赌注。孙膑发现他们的马脚力都差不多，马分为上、中、下三等，于是对田忌说："您只管下大赌注，我能让您取胜。"田忌相信并答应了他，与齐王和各位公子下千金作为赌注。

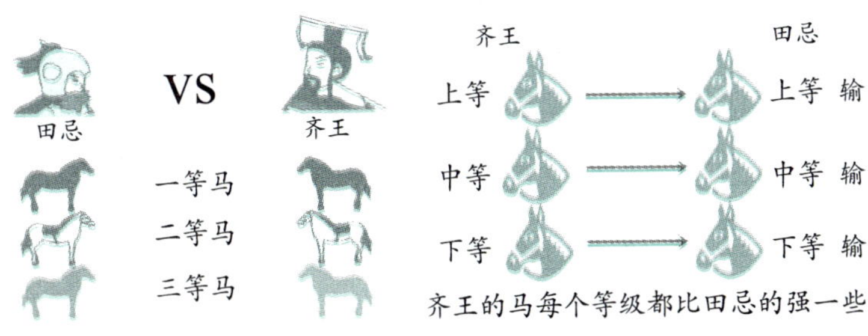

田忌经常与齐国国王及众公子赛马，设重金赌注

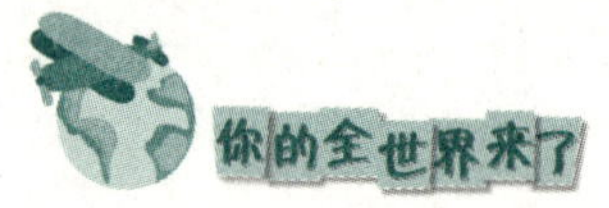

比赛即将开始，孙膑说："现在用您的下等马对付他们的上等马，用您的上等马对付他们的中等马，用您的中等马对付他们的下等马。"三场比赛结束后，田忌一场败而两场胜（2:1），最终赢得齐王的千金赌注。因此，田忌把孙膑推荐给齐王。齐王向他请教兵法，并把他当成老师。

这是我国历史上的一个著名故事，揭示了如何用自己的长处对付对手的短处，从而在竞技中获胜。孙膑在田忌赛马中运用谋略的核心，就是巧妙地利用双方马匹的配对，精心设计了一个最优化的比赛方案。

竞技，用现代词汇来讲，就是博弈。博弈的主要目标就是寻求最优化，于是产生了一个重要的数学分支——博弈论。博弈论也叫对策论，是运筹学的一个重要组成部分。

博弈论是研究互动决策的理论。所谓互动决策，就是各行动方的决策是相互影响的，每个人在决策时必须将他人的决策纳入决策考虑中，他人也会将对手的决策纳入考虑中。双方或多方在种种相互交织的考虑中进行决策，选择最有利于自己的战略。

听着很玄妙？想一想捉迷藏。藏起来的人除了要熟悉地形，还要考虑找的人可能找哪些地方，以及先找哪里、后找哪里；找的人熟悉地形后，可以使用排除策略，一个地方一个地方地找，还需要猜测藏起来的人最有可能藏在哪里，以便尽快找到。

长跑比赛时，你可不能一开始就拿出全部力量跑，那样一会儿就没劲儿了。要在设计好起跑、途中跑、冲刺的基础上，

尽可能了解对手的特点，并在途中密切注意对手的动向，及时调整策略，才能争取到最好的成绩。

作为数学理论的博弈论，其应用十分广泛。博弈论不仅在体育、军事上用于制订策略，而且在经济学、政治学、生物学、心理学、认识论以及计算机、人工智能等领域都成为重要的研究和分析工具。

与同学们密切相关的博弈问题大概就是考试策略了。这是你和出题人之间的博弈，只不过出题人的策略已经贯彻到试题中。采取哪一种答题策略呢？你肯定要先快速浏览试卷，掌握分数分布，分析试题难易程度，估算可能得到的分数，然后开始答题。

需要注意的是，考试不可以制订作弊“策略”。同样，博弈也是有规则的。如果齐国的赛马规定上、中、下三等马分别进行比赛，那么孙膑为田忌制订的策略就违反了规则，属于不诚信的行为。

体育比赛中的某些项目，比如举重，是按体重分级的，比赛开始前要称体重，重量级不能和轻量级一起比赛。但比赛的起始重量、每次的加重，都要根据自己的实力和对手的表现进行设计和调整。这其中都是数字在说话啊！我们再次体会到了数字的无处不在。

26 动物界的数学天才们

人类拥有的很多智慧，多数是后天学习的结果。可是你知道吗？有些动物身上有一些天才的基因，它们能把我们认知的数学知识运用得得心应手，游刃有余。

温暖的夏天，我们会看到在花间采集花粉的蜜蜂们，它们会把酿造的蜜放进蜂房。它们的蜂房很特殊：从正面看，它是由许许多多的正六棱柱紧密地排列在一起，中间没有一点空隙。这有什么奥秘吗？人们根据经验得知，能铺满整个平面区域的正多边形只有正三角形、正方形和正六边形三种。周长相等时，正六边形的面积是最大的，在相同高度的情况下，当然正六棱柱的体积最大，也就是容量最多。所以聪明的蜜蜂

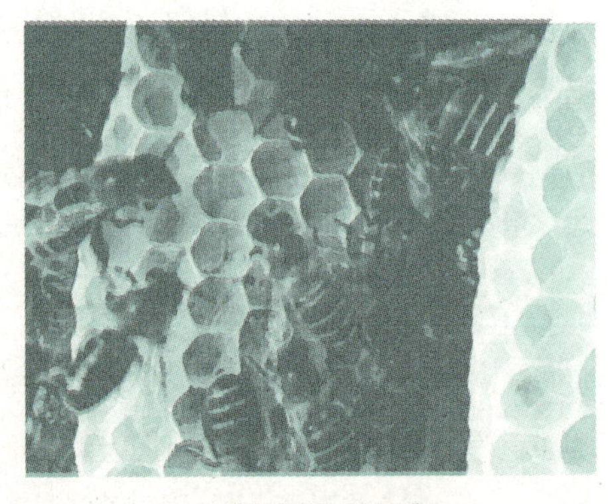

六棱柱形状的蜂房

就选择了这种大容量的六棱柱形状的蜂房。

秋高气爽时，我们会看到大雁们在南飞。它们在飞行时，常常会排起整齐的雁阵。雁阵一般都是由6只或6的倍数的大雁组成。这样组成的原因是让这支队伍成行成列。雁阵的最前面由一只身体健壮的头雁带领，它们不时地变换队形，雁阵在加速飞行时排成“人”字，减速飞行时排成“一”字。飞行时，前面大雁的翅膀尖上会产生一股上升气流，这股气流会让后面的大雁借力，从而减少整个雁群的体力消耗。你看懂了吧，大雁非常聪明。

雁阵在加速飞行时排成“人”字

动物还会运用身体的优势保持平衡。

先来介绍动物界中的“大高个儿”——长颈鹿。它的身高为4~6米，如果从头到脚量下来，身高有的可达8米，有两层楼那么高。我们看到平时长颈鹿总是用力地把脖子伸向前方，这

样可以改变身体的重心，保持身体平衡。在吃东西的时候，它先把树枝用舌头包起来放在唇间，然后闭上嘴，把头摆来摆去，这样做可以在动态中保持平衡。

同样，澳大利亚的袋鼠也知道如何更好地保持平衡，不同的是它利用了三点共面。袋鼠的四肢长度不同，前肢很短，并不发达，但是它有着强壮的后肢和一条粗壮的尾巴，三者配合能很好地保持平衡，所以它可以跳得高、跑得快。

我们再来看看一种地上爬的动物——蛇。蛇是脊椎动物，没有脚，可是爬得飞快，尤其在草地上。它的身体是由一节节的脊椎构成的，节与节之间有较大的活动余地。蛇按着30度、60度和90度的正弦函数曲线有规律地运动。

你一定听说过珊瑚虫，那是一种更聪明的动物。珊瑚虫每年会在自己的体壁上画出365条斑纹，每天画一条，一条不多，一条不少，相当于一本日历。有人说三亿五千年前，珊瑚虫每年画出的“水彩画”有400笔，因为那时一年是400天而不是365天。

还有一些看上去不起眼的小动物，在它们身上也不同程度地体现了数学思维。小小的蚂蚁，它们出去寻找食物或是回家都会选择走直线，它们可能知道两点之间线段最短。蜘蛛不论在什么地方结网，都会结成美丽的八角形几何图案，这样的网人们用直尺和圆规都很难画得出来，并且非常坚韧。

怎么样，动物界里的数学天才很多吧！

27 “千年虫”是什么虫？

2000年，人们也把它称为千禧之年，意味着一个崭新世纪的到来，有些家庭还特意选择在这一年生育“千禧宝宝”。许多人满心喜悦地迎接新世纪，一些科学家却担心这一年“千年虫”的发作。

2000年，人们也把它称为千禧之年

什么是“千年虫”？听起来像是一种长寿的昆虫，其实“千年虫”是由英文the millennium bug翻译过来的。它既不是昆虫，也不是计算机病毒，而是设计计算机时的一个漏洞。

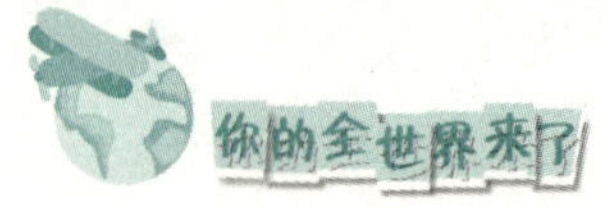

1946年，世界上第一台计算机诞生在美国宾夕法尼亚大学。在计算机产生初期，各项功能还不太完善，到了60年代，计算机存储器的成本仍然很高，所以计算机系统的编程人员用两位数字表示年份，而不是四位数字。例如1968年，就用68年表示，这样做可以节省存储器的空间，减少了存储器成本。后来虽然存储器的价格降低了，但是计算机系统中使用两位数字表示年份的做法由于思维惯性而沿袭下来。在2000年前这种表示法是没有问题的。

1946年，世界上第一台计算机诞生在美国宾夕法尼亚大学

随着新世纪的临近，人们突然意识到用两位数字表示年份将无法正确辨识公元2000年及其以后的年份。2000年会表示成00年，它与1900无法区别，而2046年会以46年的面目出现，那么它将同1946年混淆。另外，在一些计算机系统中，对于闰年的计算和识别出现问题，不能把2000年识别为闰年，即在该

计算机系统的日历中没有2000年2月29日这一天，而是直接由2000年2月28日过渡到2000年3月1日。

1997年，信息界开始提出“千年虫”问题，并很快引起了全球关注。因为这个问题一旦发生，后果不堪设想。所有计算机系统、自动控制芯片等都可能受到“千年虫”的攻击。这会引发各种各样的系统功能紊乱，甚至崩溃。

到了2000年，银行里面的电脑可能将2000年解释为1900年，引起利息计算上的混乱，甚至自动将所有的记录消除；自动取款机会拒收“00”年的提款卡；保险公司可能会将每份保险的年限算错；你在1999年12月31日23：59分打了三分钟的电话，通话账单可能显示为（-100年+3分钟）；通信系统由于控制雷达的电脑失灵，空中管制完全瘫痪，班机停飞。还有许多行业都将受到巨大影响，蒙受巨大损失。这太可怕了。

世界各国纷纷由政府出面，全力围歼“千年虫”。许多国家投入大量的人力、物力和财力来解决这个问题。

你一定关心“千年虫”发作了吗？由于许多国家防范及时，修改了计算机程序，“千年虫”在2000年没有大面积暴发，只在西非的冈比亚发作。“千年虫”导致冈比亚的电力供应中断，海空交通、金融和政府服务也大受影响，政府只得宣布当天（周一）为非工作日，以暂时减轻出事机关承受的压力，后来冈比亚在其他国家的帮助下渡过了难关。

28 千里马变伯乐

提起中国现代数学，我们马上会想到华罗庚的名字，他为中国数学的发展做出了巨大贡献，有“中国现代数学之父”“中国数学之神”“人民数学家”的称号。国际上以他的姓氏命名的数学科研成果有“华氏定理”“华氏不等式”“华氏算子”等。

因为家境贫穷，华罗庚没有上完高中，更没有读大学。他是靠自学成才的。那么他的数学才能是如何被发现的呢？那是因为他这匹千里马遇到了伯乐。

辍学的华罗庚并没有放弃学习，他用5年时间自学完成高中和大学低年级的全部数学课程。他不断地对数学问题进行研究，并尝试将研究结果公开发表。1930年春，华罗庚在上海的《科学》杂志上发表《苏家驹之代数的五次方程式解法不能成立之理由》，被当时清华大学数学系主任熊庆来看到，认为

华罗庚

这绝不是一般学者能够完成的。熊庆来马上在各个大学寻找这位“教授”，后来得知华罗庚的自学情况和数学才能时，他当即决定，将华罗庚请到清华大学来。这时只有21岁的华罗庚怀揣着一张初中毕业证和对数学的热爱只身来到了名师辈出、宗师如林的清华园。这里良好的研究环境和浓厚的学术氛围，对他日后的发展起到了巨大作用。

事实证明，华罗庚这匹千里马没有辜负他的伯乐。他在清华园里迅速成长，成为享有世界声誉的伟大数学家。美国著名数学史家贝特曼称：“华罗庚是中国的爱因斯坦，足够成为全世界所有著名科学院的院士。”

1956年，相同的一幕再次上演，只是华罗庚的身份由原来的千里马变成了伯乐。

华罗庚接到一封来信，信中诚恳地指出他的重要著作《堆垒素数论》中有几个地方需要改进。华罗庚接到信后异常兴奋，二话没说，马上决定把写信人调进北京。

华罗庚这个举动是不是有点轻率呢？如果我们了解《堆垒素数论》是怎样一部书，就不会对此举有任何怀疑了。

《堆垒素数论》是凝聚着当代数论结晶的一本数学专著，几十年无人超越。据说当时写完后，整个教育部没有人能够评审此书。老一辈数学家何鲁冒着炎热，在重庆一幢小楼上挥汗审勘，为了表达自己的崇敬，他这样的数学前辈居然将这部书抄录了一遍！

华罗庚在当时的西南联大讲授过《堆垒素数论》，开始慕名而来的学生把教室挤得水泄不通，但最后只剩两人坚持下来，这两人后来都成为国际知名的数学家。可见能看懂、听懂、读懂这部书的人少之又少，现在竟然有人看出需要改进的地方，华罗庚怎么能不惊喜万分。这个写信人就是后来大名鼎鼎的数学家陈景润。

陈景润

正是由于华罗庚的发现，陈景润这匹千里马才从厦门大学数学助教岗位上调到了中国科学院数学研究所，从此有了研究数学的广阔空间，完成了“1+2”这个著名论证，成为“哥德巴赫猜想的里程碑”，成为对“哥德巴赫猜想”研究最有贡献的人。

29 考试不及格的数学家

数学史上有一位数学家，他叫埃尔米特，他在教学的时候，鼓励学生自由发挥，不要看重考试。

你想知道这是为什么吗？

数学家，自然就是科学家。他们都有非常强的专业能力和专业知识，并且一定是天资聪颖、智力非凡的。可是数学家埃尔米特却“与众不同”，他经常考试不及格，并且是他非常擅长的数学科目。

埃尔米特

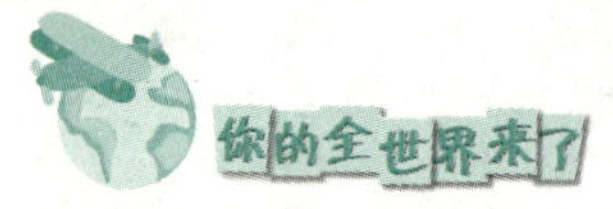

1822年，埃尔米特出生于法国。虽然他生下来右脚有残疾，不能正常行走，平时需要手扶拐杖，但是他非常好强，从来不服输。

埃尔米特从小就有超常的数学天分，所以他的父母为了让他接受更好的教育，把他送到了巴黎的路易大帝中学。但他无法把自己塞入数学教育的循规蹈矩中，去应付常规的升学考试，所以他痛苦异常。十八岁，埃尔米特参加巴黎综合工科技术学院的考试，一再失败，直到第五次才勉强过关。但他仍然无法进入工科学系，因为埃尔米特所处的时代正是拿破仑统治时期，大学培养的人才要服务于军队，他是肢障者，所以不得进入工科学系。埃尔米特只好转到文学系，文学系里的数学比工科系的数学简单很多，结果他的数学还是不及格。

考试不及格并不影响埃尔米特对数学的痴迷。他在法国的数学研究期刊发表《五次方方程式解的思索》震惊了数学界，这是无数一流数学家整整研究了300年都没有解决的问题，却被他这个数学不及格的文学系学生解决了。

埃尔米特一系列失败的数学考试让他的朋友为他着急。于是，他的朋友给他补习，结果是他以及格边缘的成绩毕业。

大学毕业后，他考不上任何研究所，原因是考不好的科目还是数学。最后他只好在一所学校里当批改学生作业的助教，这份工作他做了25年。尽管这25年间他发表了大量的研究成果，名满天下，但是没有高等学位的埃尔米特只能继续批改学生作业。一直到四十七岁，他才得到了作为数学家的第一份正式工作，担任巴黎高等师范大学的数学教授，随后担任巴黎大学数学教授，直到27年后退休。

埃尔米特在函数论、高等代数、微分方程等方面都有重要发现。1858年，他利用椭圆函数首先得出五次方方程的解；1873年，他证明了自然对数的底e的超越性。

埃尔米特在函数论、高等代数、微分方程等方面都有重要发现

埃尔米特是19世纪后半叶最重要的法国数学家之一，这不仅仅体现在他的数学贡献上，还体现在培养数学人才方面。实际上，19世纪末几乎所有法国出名的数学家或多或少都算是埃尔米特的学生，例如庞加莱、皮卡、博雷尔等，许多外国数学家也在埃尔米特手下学习过。

不擅长考试给埃尔米特带来了太多的麻烦，当然，这其中有他自身的原因，也有教学体制的问题，所以埃尔米特在教学中极力反对按照统一标准要求学生。

这回你明白了吧，他为什么不看重考试成绩，而是鼓励学生发挥自己的兴趣特长。

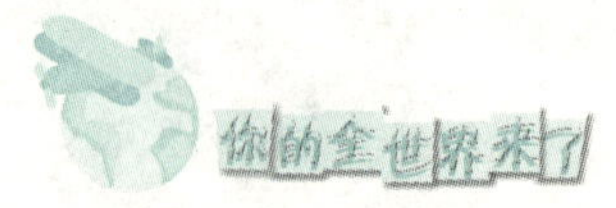

30 数学王子——高斯

高斯出生于德国的一个普通家庭，他的父亲文化程度不高，母亲近乎文盲，但是他从小天资聪颖，在三岁时就帮父亲看账目，并纠正父亲借债账目中的错误。

高斯

在数学方面，他的天分让当时的人们非常诧异。十岁时，其他同年龄的孩子在算1到100的和时用的还是“笨办法”，而高斯通过观察和思考，用简便方法迅速得出结果。他将50对构造成和101的数列求和（1+100，2+99，3+98……），得到结果：5050。

高斯在当时已经掌握了等差数列求和的方法。

在代数方面，他第一个证明了任何一个复系数单变量的代数方程都至少有一个复数根，这一定理为代数基本定理。他还证明了任何复系数变量的n次方程有n个复数根。这两个定理的证明奠定了代数方程的理论基础。

在数论方面，高斯完成了他的传世之作《算术研究》，这部专著给数论的研究开创了一个新纪元，对超几何级数、复变函数论、统计数学、椭圆函数论等都有重大贡献，是现代数论的基础。

高斯的曲面论是近代微分几何的开端。

高斯建立了最小二乘法，并沿用拉普拉斯方法继续发展了势论。

高斯开辟了许多新的数学领域，从最抽象的代数数论到内蕴几何学，都留下了他的足迹。从研究风格、方法乃至所取得的具体成就方面，他都是18、19世纪之交的中坚人物。如果我们把18世纪的数学家想象为一系列的高山峻岭，那么最后一个令人肃然起敬的巅峰就是高斯；如果把19世纪的数学家想象为一条条江河，那么其源头就是高斯。

作为当时最伟大的科学家，高斯获得了不少荣誉，许多世界著名的科学泰斗都把高斯当作自己的老师。1802年，高斯被俄国圣彼得堡科学院选为通讯院士、喀山大学教授；1818年，丹麦政府任命他为科学顾问，这一年，德国汉诺威政府也聘请他担任政府科学顾问。现在在德国哥廷根大学广场上的石碑上还有高斯的青铜雕像。

高斯对科学非常严谨，他不把没有完全成熟的成果拿出来发表，在他的日记里记载着大量的非常有价值的研究成果，直到高斯去世后，人们才发现并为之震惊。

人们尊称高斯为“数学王子”，将他与阿基米德、牛顿、欧拉并列为世界四大数学家。有人这样评价他：“在数学世界里，高斯处处留芳。”他的一生成就极为丰硕，以他的名字命名的成果达110个，属数学家中之最。他一生发表论著155篇，对数论、代数、统计、分析、微分几何、大地测量学、地球物理学、力学、静电学、天文学、矩阵理论和光学都有贡献。

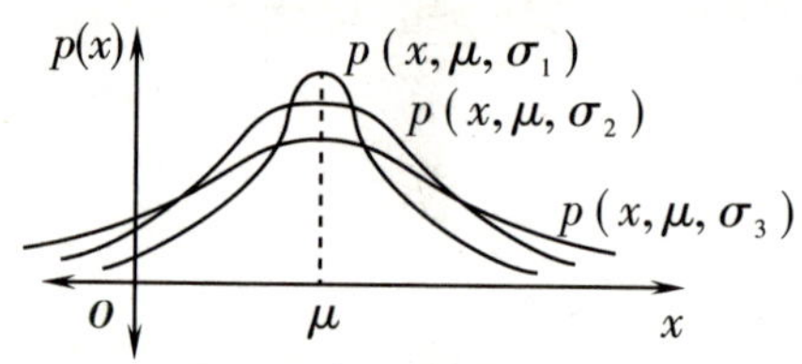

高斯分布概率示意图

$$p(x)=\frac{1}{\sqrt{2\pi}\,\sigma}\mathrm{e}^{\frac{(x-\mu)^2}{2\sigma^2}}\ (\sigma>0)$$

高斯分布公式

他的一生成就极为丰硕，以他的名字命名的成果达110个，属数学家中之最

高斯既是最后一位卓越的古典数学家，又是一位杰出的现代数学家。他不仅预见了19世纪的数学，还为19世纪的数学发展奠定了基础。

31 你的数字身份

中国有多少人？14亿多。这么多的人怎么区分呢？

我有名字！是的，大家都有名字。中国人的名字大多是由两个或三个汉字组成的，现在四个字的名字也多了起来。有些少数民族的人名写成汉字，字数可能更多。还有一个问题，就是重名太多。比如，2019年6月7日查询，在北京市登记户口叫“王梓涵”的，男性有365人，女性有647人！以北京市户籍人口2000万计，（365+647）÷20000000≈0.5÷10000；以全国可能与此重名的人口10亿计，全国叫“王梓涵”的人就要超过1000000000×0.5÷10000=50000！如果只统计“梓涵”，“张梓涵”“李梓涵”“刘梓涵”“赵梓涵”等，估计全国要超过100万。

怎么办？还是要用我们的数字武器！

有的同学可能已经知道自己有一个身份证号。我们中国人的身份证号是由18位数字组成的。比如，一个人的身份证号可能是如下的数字：310108202601234567。这么复杂，怎么解读呢？

中国居民身份证

前6位是地址码，第1到第3位是省、自治区、直辖市的代码，比如110是北京，120是天津，310是上海，等等；接着3位是区或县的代码，比如北京市东城区是101，天津市南开区是104，上海市闸北区是108，等等；接下来8位是出生日期码，比如20190604就是2019年6月4日出生；最后4位的前3位是顺序码，是同年、同月、同日出生的人的顺序编码，但这是男女分别来排的，男性是奇数，女性是偶数；最后1位是校验码，是根据国际统一的校验标准计算出来的，校验结果可能是0到10之间的数，因为10是两位数字，所以用X来代替。

有了这些知识，就可以读出上面的身份证号代表的是这样一个人：出生在上海市闸北区，出生日期是2026年1月23日，顺序号是456，是名女性，校验码是7。可以看出，这是一个尚未出生的女孩。

一个人的身份证号码一经确定，就终身不变。比如你出生在新疆，后来到北京上学，毕业后又到上海工作，身份证号码并不会改变。

身份证号码会不会不够用？换句话说，身份证会不会重号？不会的，3位省、自治区、直辖市代码，可以容纳1000个；3位区县代码，也可以容纳1000个；4位年份代码，使用10000年才重复；3位顺序号，在一个地区同一天不会有那么多人出生。

2000年以前，我国使用的身份证号码只有15位，年份采用2位，例如1966年出生只取66两位，而且没有校验码。这样，100岁以上的人有可能和刚出生的婴儿“重名”。所以，从2004年1月1日起，我国使用统一的18位居民身份证号码。15位数字的身份证称为第一代，现在使用的18位的身份证称为第二代。

需要注意的是，我们的身份证只在我们中国使用，换句话说，中国身份证只适用于具有中国国籍的中国公民，因为每个国家都有自己的身份编码系统，无法统一。

护照

如果出国怎么办？我们还有另一套编码系统——护照。护照是一个国家的公民出入本国国境和到国外旅行或居留时，由本国发给的一种证明该公民国籍和身份的合法证件。所以，出国前要办理中国护照。有了中国护照，可以走遍全世界。

32 神奇的“0”

0是极为重要的数字，0的发现被称为人类伟大的发现之一。

0是-1与1之间的整数。0既不是正数，也不是负数；0不是质数；0是偶数。在数论中，0属于自然数，0没有倒数；在集合论和计算机科学中，0属于自然数。

0既不是正数，也不是负数；0不是质数；0是偶数

0为正数和负数的分界线。当某个数x大于0（即$x>0$）时，称为正数；反之，当x小于0（即$x<0$）时，称为负数；而当x等于0（即$x=0$）时，这个数就是0。

0的相反数是0，即$-0=0$。

0的绝对值是其本身，即$|0|=0$。

0乘任何实数都等于0，除以任何非零实数都等于0，任何实数加上0等于其本身。

0没有倒数和负倒数，一个非0的数除以0在实数范围内无意义。

0的正数次方等于0，0的负数次方无意义，因为0没有倒数。

除0外，任何数的0次方都等于1。

0始终是直角坐标系的原点。

这样的0是不是很神奇？这么神奇的数字是怎么出现的呢？

约在公元元年，玛雅已有0符号，形状像贝壳或一只半开的眼睛；古希腊人也发明了0符号，但是这些0符号都只起到指明数码位置的作用，并没有作为数参加运算，也没有单独被使用的情况。0作为一个数字并用一个独立的符号来表示，是在自然数和分数产生之后。

0作为一个数字并用一个独立的符号来表示，是在自然数和分数产生之后

一般认为，现在使用的0是印度人发明的，意为“空”。印度人承认它是一个数，而不仅是空位或一无所有，把0作为数引

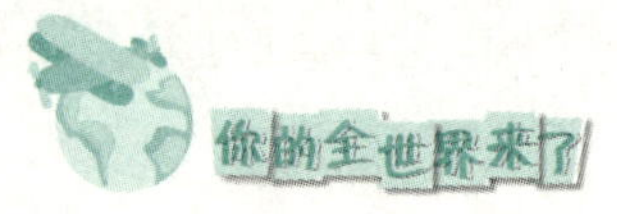

入运算，这是印度人的一个伟大贡献。

在我国古历，以“初”“端”“本”表示0，不论是算筹还是珠算工具以空位表示0。战国时期，用空即“□”表示0，后来渐渐用圆圈代替了“□”。

2世纪，魏晋时期的刘徽在《九章算术注》中明确将0作为数字。

0在数学历史上曾被公认为划时代的进步符号，这个符号不仅创造了今日的算术，而且为数的概念的推广铺平了道路。可以说，0的发展是人类最伟大的成就之一，有了它，人类从算盘的束缚中解放出来，而且数字中没有0是很容易发生错误的。

0的产生比较艰难，你可能发现了罗马数字里没有0。对，这是因为第一个发现0的罗马学者偷偷传播0后，就被教皇抓进监狱，并被施以一种酷刑，手指被夹子夹断，不能再写字计算。

现在的0已经成为含义最丰富的数字符号。0既可以表示没有，也可以表示有。如：气温0 ℃，并不是说没有气温，而是表示冰点温度，并且它等于32 ℉（华氏度）。

在科学领域，计算机的数据基础由二进制构成，即0和1。

电路传送数据时，0和1分别代表低电位和高电位。开关的通断表示0和1。

在航天控制台中，只有0号控制台，没有1号控制台。

在化学中，元素显0价表示单质，0族元素表示稀有气体元素。

当然关于0的知识和故事还有许多，也许有一天还会有新的发现。

33 我国的珠算及其申遗

我国珠算的工具是算盘，发明者是谁，现在已经无法考证。它的使用历史非常悠久，有历史的记载是从东汉时期。

珠算是由古代的筹算演变而来的。

筹算的计算工具叫“算筹”，算筹是什么样子的呢？它是用竹子做成的圆形或方形的小竹棍儿，用算筹表示数和进行计算叫“筹算”。据史料推断，我国从春秋时代开始使用筹算。

算筹的五进位制计算法，是中国珠算法“五升十进”的基础。珠算全面继承了筹算的传统和方法，而且更具优越性。它是通过操作算盘珠进行数值计算，并配有一定的运算口诀。我国古代筹算向珠算过渡时间很长，两者长期共存达千年。明代中叶，筹算工具才逐渐退出历史舞台被珠算所代替。

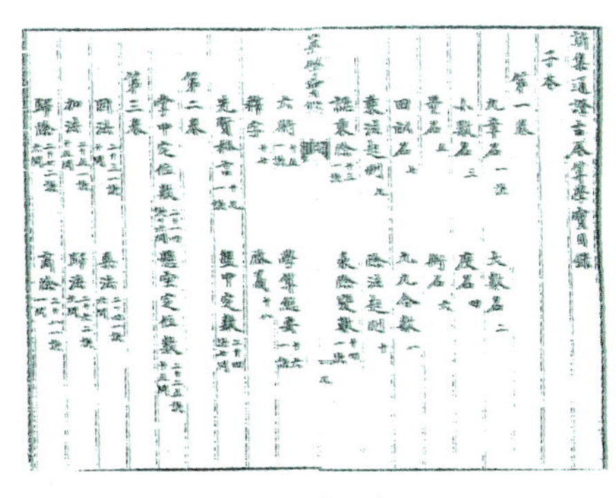

新集通證古今算學寶鑑目錄
首卷
第一卷
九章名 一　大數名 二
小數名 三　度名 四
量名 五　斛名 六
回訣名 七　九九合數 八
乘法起例 九　除法起例 十
證乘除　乘除變數
六術　學算總要
辯字　麻義
第二卷
掌中定位數　懸空定位數
第三卷
因法　乘法
加法　歸法
歸除　商除

《算学宝鉴》

《算学宝鉴》是我国第一部珠算书，但流行广、作用大的珠算书却是明代程大位的《算法统宗》。

在古代，其他国家也有用算盘的，但他们使用算盘的时候大都没有口诀。没有口诀就不能充分发挥快速的计算功能，所以欧洲的算盘很早就消亡了，只有中国算盘保存下来，并且传入日本、朝鲜、东南亚等国家。

中国重视珠算，1903年规定小学开设珠算课，开始普及珠算。

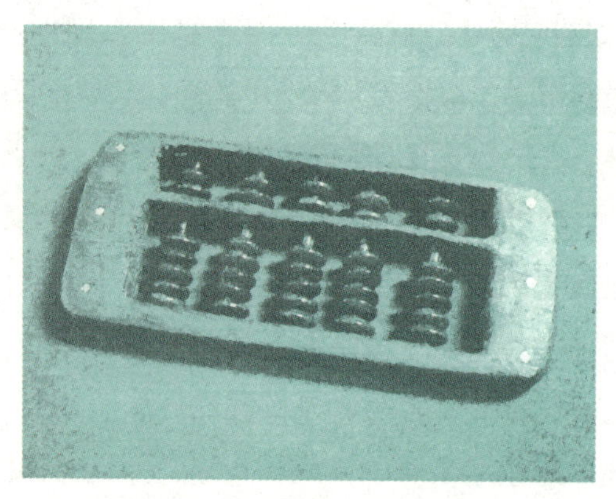

算盘

算盘被称为“世界上最古老的计算机”，珠算逐渐成为遍及中国并为人们广泛使用的计算方法，成为中国文化的重要标志之一，珠算技能通过祖传家教、师徒传授、学校教学等方式世代相传。

历史上，珠算协助计算机完成了我国许多重大科研课题的精确计算。20世纪60年代，我国研发了第一颗原子弹，由于当

时只有一台计算机，为了应付庞大的计算工作，出现了许多算盘高手在原子弹基地的食堂大厅演算原子弹数据的场面，而且最后的计算结果准确无误。

珠算是我国优秀的文化科学遗产，它是我国劳动人民的伟大创造，被誉为中国的第五大发明。据史籍记载，我国的珠算从16世纪（明代）起，先后传入东亚和东南亚各国，近代又传入美国、巴西、墨西哥、加拿大、印度、汤加、坦桑尼亚等一些国家和地区，对这些国家和地区的科技发展和社会进步起到了积极的促进作用。

2013年12月4日，联合国教科文组织保护非物质文化遗产政府间委员会第八次会议在阿塞拜疆巴库通过决议，正式将中国珠算项目列入联合国教科文组织人类非物质文化遗产名录。

珠算的申遗成功有助于让更多的人认识珠算、了解珠算，增强我们的民族自豪感，吸引更多的人参与弘扬和保护宝贵的珠算文化。

34 西方数学的两次传入

明朝时期，中国经济有了很大发展，吸引了西方的传教士来到中国，他们也将西方数学知识陆续传入中国。西方数学的传入对中国的数学知识是一种丰富，更重要的是改变了中国数学只注重实际功用，忽视演绎推理的思维方式。

第一次西方数学的传入，是初等数学的传入，做出最大贡献的是意大利人利玛窦。1582年他来到中国，是最早来到我国的传教士。1601年，他居住在北京努力学习中文，与我国数学家徐光启合译《几何原本》前6卷。这是我国第一部具有严密的逻辑体系和推理证明方法的经典译本，不但在我国沿用至今，而且影响了日本、朝鲜等国。诸如点、直线、角、三角形、四边形等提法都是

利玛窦

首创。

后来，利玛窦又和李之藻合作编译《同文算指》，这部书介绍了初等数学、传统初等数学知识。除笔算外，许多算法都是中国古代传统数学中很早就有的，所以有的译文内容，李之藻还做了相应补充。这两部书标志着欧洲数学传入中国的开始，对中国初等数学发展有较大影响。

第二次西方数学的传入，是以近代高等数学为主。

鸦片战争后，西方文化进入更加自由。英国人在上海设馆介绍西方数学，后来受洋务运动的影响，有人出国留学或在国内办学校讲授西方数学，由此开始了第二次翻译引进的高潮，一般把它称为西方数学的第二次传入。这次传入与第一次不同，无论是社会背景还是传入形式和内容都有了很多变化。西方古典数学的传入是我国已经有萌芽的变量数学的继续，它标志着我国的数学发展正式转入近代数学时期。

西方数学的第二次传入主要由李善兰、英国传教士伟烈亚力、华蘅芳、傅兰雅等人共同完成。第二次翻译工作仍以外国人口译、中国人笔授的方式进行。

《几何原本》

李善兰与伟烈亚力合译《几何原本》后9卷，至

此，我国有了完整的《几何原本》，这套书两次翻译其间经历整整250年，可见中国数学发展的曲折艰难。

李善兰与伟烈亚力又合译了《代微积拾遗》18卷，这部书是中国第一部微积分的译本。后来，两人又合译《代数学》，这是西方初等代数的第一个中文译本，也是我国第一部符号代数学的译本，内容包括代数方程与方程组、指数与指数函数。

另外，华蘅芳与傅兰雅合作翻译了数学著作7部，如《代数学》25卷，内容除了初等代数外，还有三角学、无穷级数和不定方程等；《微积溯源》是我国第二部系统的微积分译著；《决疑数学》是我国第一部概率论著作。

翻译者为这项工作付出了大量心血，他们字斟句酌、精心研究、反复核查，力求译作的准确，我们在享用这些成果的同时应该向他们致敬。

西方数学的两次传入丰富了我国的数学宝库，使我国数学发展迈上了一个新的台阶，而且对我国科学技术的发展起到了相当大的作用。这是中国数学史上的大事。

35 四则运算中的运算符号

四则运算，同学们在四年级就学到了。它是有些复杂的运算，能考查同学们的计算能力。但是如果问你，其中的运算符号怎么来的，相信许多同学不知道。

那我们就来讲一下：

17世纪，这些应用的符号才全面形成。

最早引进运算符号的是英国数学家韦达，现在的数学符号体系主要采用的是笛卡尔使用的符号。

韦达

符号的发明晚于数字，现在常用的运算符号有200多个，初中教材中就有多种。

四则运算中使用的符号，也就是加号、减号、乘号、除号、括号和等号。

其实，大多数民族开始采用的都是“文字式”，比如“3+2”写成“3加2”，“3－2”写成“3减2”，后来才使用符号法。

先来看看加减法符号。加法符号开始使用的是英文plus的第一个字母p；减法符号使用英文minus的第一个字母m。有时在p和m上面分别添一横，有时不添，就直接用p和m分别表示加、减号。这两个符号曾经在欧洲广泛流传。

最早创造“+”和“-”的是德国数学家魏德曼，由于当时他的名气不大，30年后，这两个简洁漂亮的符号才被数学界广泛应用。

乘除号出现得稍晚一些，并且有十几种，1631年，英国的奥特雷德首先使用“×”作为乘号。据说乘法符号是根据加法符号变动得来的，由于“×”和字母“x”相像，德国数学家莱布尼茨提出用“·”来代替。

18世纪，美国数学家欧德莱最后确定把“×”作为乘号，他认为“×”是“+”斜起来写的形式，是另一种表示增加的符号。

除号“÷”诞生在瑞士。最初它作为减号在欧洲大陆流行过，后来有一位学者哈纳在算账时遇到了把一个整数平分成几份的问题，但没有符号可以表示这种演算法，于是他就用一条横线把两个圆点分开来表示，并取名为“除号”。后来英国数学家用“：”表示除或比，还有人用一条长线段“——”代表除

线，表示除。创用斜线“/”表示除号的是英国数学家德摩根，这种表示法用于印刷品可节省篇幅。最后，瑞士数学家拉哈在他所著的《代数学》里根据群众的创造，正式将“÷”作为除号。

拉哈

等号“=”源于英国，18世纪由英国学者列科尔德创造。他在研究数学时，遇到两个数字相等的情况，于是他就用两条平行又等长的直线表示两个相等的数，并命名为“等号”。

在四则运算中还要用到一种符号，你知道它是什么吗？我们知道，四则运算中有先算乘除，后算加减的法则。那么，如果我们要先算加减怎么办呢？对了，要加括号！在四则运算里还少不了括号的使用。

数学里的括号有圆括号“（）”、中括号或方括号“[]”、大括号或花括号“{}”。

小小的符号，学问可真不少啊！

36 分数的起源

在原始社会，集体劳动后人们要分配劳动果实和猎物时，会出现不是整数的情况，比如采得十个桃子，七个人平分，就要用到分数了。

分数起源于“分”，七分之十是一种说法，用专门的符号写下来便成了分数。分数的概念正是人们在处理这类实际问题时形成的。

分数出现得很早，人们学会记数与自然数运算后不久就知道了分数。但是对不同民族，分数产生的途径和时间是不同的。

在古代埃及，很早就有了分数的概念，但是他们使用的是单分子分数，也就是分子是1的分数。因为当时的生产力低下，人们在平分物品的时候，分得一份的可能性很大。三个人平分，每人分得$\frac{1}{3}$，五个人平分，每人分得$\frac{1}{5}$。对个别的分数如$\frac{2}{3}$，他们引入了特殊符号；对其他非单分子分数，他们把它划成不同的单分子分数之和，比如$\frac{2}{5}$划成了$\frac{1}{3}$与$\frac{1}{15}$的和。这样可能会给分东西时带来便利，但是如果计算起来，那简直是自找麻烦。

在古代巴比伦，他们的分数是六十进制

在古代巴比伦，他们的分数是六十进制。他们把 $\frac{21}{60}$ 表示成 $\frac{20}{60}$ 和 $\frac{1}{60}$ 的和，这样往往给自己造成了混乱。他们也使用特定的符号比如 $\frac{1}{2}$、$\frac{1}{3}$ 等，但把它们作为量的整体来看，而不是一的几分之几。

罗马人在计算时使用的是十二进制分数，他们对 $\frac{2}{12}$、$\frac{1}{24}$、$\frac{1}{36}$ 都有专用的名称和符号，比如 $\frac{5}{12}$ 盎司就称为5盎司。计算时，利用这些名称就等于把分数的计算化为自然数计算，因此简化了计算。

我国古代有许多关于分数的记载。《左传》一书中记载，春秋时诸侯的城池，最大不能超过周国的 $\frac{1}{3}$，中等的不得超过 $\frac{1}{5}$，小的不得超过 $\frac{1}{9}$。先秦时，对 $\frac{1}{3}$、$\frac{1}{2}$、$\frac{2}{3}$ 分别称“少半”“半”“大半”；刘徽曾说过“物之数量，不可悉全，必以分言之”，意思是在确定了度、量、衡或其他数量单位之后，某一物品不一定是其单位度量的整数倍，这就产生了分数。我国古代数学名著《九章算术》在世界上首次系统地研究了分数及其运算法则及通分、约分等。

《左传》一书中记载，春秋时诸侯的城池，最大不能超过周国的 $\frac{1}{3}$，中等的不得超过 $\frac{1}{5}$，小的不得超过 $\frac{1}{9}$

在我国古代，还从除法运算的角度引入分数的概念，即被除数除以除数，如果不能除尽，便定义一个分数。另外，分数与比率密切结合在一起，比和比例是人类很早便接触到的数学概念，它们在日常生活中经常出现。刘徽也是通过比率的性质论证了分数的性质与四则运算，分数算法是以比率为理论基础建立的。这一切说明我国古代对分数概念的认识具有多重性。

各民族对分数的处理方式有以下几种情况：

单分子分数：各民族最早都引进过，但是只有古埃及人对其情有独钟。

系统分数：在科学上使用特别多的一类分数。

普通分数：我们现在通常使用的分数。

37 用一年来比喻宇宙

孙悟空被招安做了弼马温，后来得知这是一个芝麻小官就回到了花果山。群猴迎接他："恭喜大王，上界去十数年，想必得意荣归也?"孙悟空道："我才半月有余，哪里有十数年?"众猴道："大王，你在天上不觉时辰。天上一日，就是下界一年哩。"

《西游记》中"天上一日，地上一年"的说法，在一定程度上得到了现代宇宙学的支持。

现代宇宙学起源于爱因斯坦的相对论学说。1915年，爱因斯坦将自己1905年发表的狭义相对论发展成为广义相对论。在此基础上，包括霍金在内的很多科学家进行了长期的、不懈的研究，发展出现代宇宙学。现代宇宙学最重要的成果就是宇宙大爆炸理论。就是说，我们的宇宙是在138

现代宇宙学最重要的成果就是宇宙大爆炸理论

亿年前，通过一次大爆炸产生的。

宇宙大爆炸是怎么回事，属于宇宙学的研究范围，而宇宙学归根结底属于物理学；今天我们只关注一些宇宙发展涉及年份的有趣数字。

如果把138亿年的宇宙历史压缩到1年，很多大自然的演绎、发展都发生在何月何日？人类又出现在何时呢？

美国天文学家卡尔·萨根在《伊甸园的龙》一书中提出一个“宇宙年历”。让我们来看看宇宙、地球和人类的大事件都出现在什么时刻吧。

把138亿年的历史压缩到1年里，很明显，时间加速了。在这个日历里，1秒相当于438年，1小时相当于158万年，1天相当于3780万年。在这个宇宙年历里，一个人活到80岁，宇宙才过去了0.18秒。

宇宙大爆炸发生在1月1日。5月1日，我们太阳所在的银河系诞生；9月9日，我们地球所在的太阳系诞生；9月14日，我们生活的地球诞生。

地球所在的太阳系

以下的演化都发生在地球上。

9月25日，地球产生第一个生命物质——蛋白质。

10月2日，出现了地球上已知最古老的岩石。

10月9日，出现了地球最古老的生物——细菌和蓝藻。

11月1日，出现了有性生殖微生物。

11月12日，出现了最古老的光合植物。

11月15日，真核生物，也就是具有细胞核的第一批细胞开始繁荣兴旺。

12月14日，多细胞生物诞生。

12月17日，寒武纪大爆发，显生宙古生代寒武纪开始。

12月18日，海洋浮游生物出现，进入三叶虫繁荣的时代。

12月19日，出现了第一批鱼类、第一批脊椎动物。

12月20日，出现了第一批维管植物。

12月21日，海洋动物登陆。

12月22日，出现了第一批两栖动物、第一批有翼昆虫。

12月23日，出现了第一批树、第一批爬行动物。

12月24日，恐龙诞生。

12月26日，出现了第一批哺乳动物。

12月27日，出现了第一批鸟。

12月28日，出现了第一批花，恐龙灭绝。

12月29日，出现了第一批灵长类动物。

12月30日，灵长目的额叶开始进化得更高级，人科物种终于出现。

在这个日历里，从1月1日开始，已经到了12月30日，而这一切还显得那么久远！我们将在下一篇介绍12月31日这一天都发生了什么。

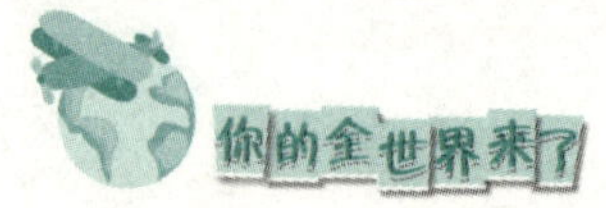

38 用一天来比喻人类

把138亿年的宇宙发展史压缩到1年里，大爆炸发生在1月1日，我们生活的地球诞生于9月14日。

地球诞生很久，才产生了组成生命体的基本物质——蛋白质，后来又出现了细胞、海洋浮游生物、两栖动物、鱼类、鸟类、爬行动物、哺乳动物。直到12月30日，灵长类动物的额叶开始进化得更高级。自此，人科物种登上历史舞台。

灵长类动物

下面的事件都发生在12月31日这一天。在这里，1秒相当于438年，1小时相当于158万年，1天相当于3780万年。一个人活到80岁，相当于宇宙的0.18秒。

13：30，原康修尔猿和腊玛古猿出现，它们可能是现代猿类和人类的共同祖先。

22：30，出现了第一批人类。

23：00，进入旧石器时代。

下面我们不得不使用分和秒了。

23：46，生活在北京周口店的“北京人”学会使用火。

23：56，最近的冰期开始。

23：58，人类在澳大利亚登陆。

23：59，开始欧洲洞穴绘画的年代。

23：59：20，人类进入农业社会。

23：59：35，新石器时代开始，人类有了第一座城市。

23：59：50，出现美索不达米亚早期文明苏美尔、西亚古国埃勃拉、埃及的第一个朝代，天文学开始发展。

23：59：51，字母表被发明，人类历史上第一个帝国——美索不达米亚阿卡德帝国诞生。

23：59：52，巴比伦的汉穆拉比法典颁布，进入古埃及中王国时期。

23：59：53，进入青铜时代和古希腊迈锡尼文明，发生特洛伊战争，出现最古老的美洲文明之一——奥尔梅克文明，位于世界东方的中国发明了指南针（早期称为司南）。

23：59：54，进入铁器时代，出现第一个亚述帝国、以色列王国，腓尼基人建立迦太基城。

司南

23：59：55，印度进入阿育王的王朝，中国是秦朝，雅典是黄金时期领导人伯里克利的年代，佛教诞生。

23：59：56，诞生欧几里得几何学、阿基米德物理学、托勒密天文学，古罗马帝国诞生。

23：59：57，印度人发明阿拉伯数字，古罗马灭亡，伊斯兰教和伊斯兰文明诞生。

23：59：58，玛雅文明诞生，中国处于宋代，拜占庭帝国诞生，蒙古西征，十字军东征。

23：59：59，欧洲文艺复兴，欧洲大航海，中国明朝郑和下西洋，现代科学诞生，第一次工业革命。

孔子在12月31日午夜前5. 8秒诞生，牛顿在午夜前0.76秒横空出世。在午夜前的0. 02秒，我们才刚刚有了互联网。在我们所在的年代诞生了爱因斯坦，发明了计算机，人类登上了月球，发生了两次世界大战……

下一年5月2日，太阳将成为红巨星；5月7日，太阳将进入生命的晚年，成为白矮星。

到那时，我们人类是不是可以掌控整个宇宙了呢？

39 音乐与数字

你学过音乐知识吗？

音乐中的简谱都是用数字来表达：1、2、3、4、5、6、7，发音分别为do、re、mi、fa、sol、la、si，有时也用C、D、E、F、G、A、B表示。更高的音在这7个音阶上面加高音点或倍高音点（两个点），更低的音在这7个音阶下面加低音点或倍低音点。

从这一点可以看出，音乐与数字似乎具有紧密的关系。其实，用7个数字表达音阶，不过是一种形式的替代，并没有实质上的意义。音乐与数字的真正关系主要表现在音乐的频率上。

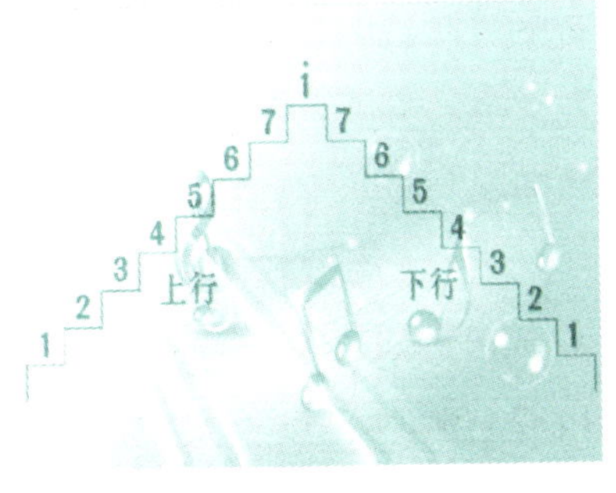

音乐中的简谱都是用数字来表达

从物理上讲，音乐属于音频。音频就是声音的频率，这里的频率是指1秒钟机械振动的次数。音频的范围是20~20000 Hz。就

音乐与数字的真正关系主要表现在音乐的频率上

是说，无论是声乐还是器乐，发出声音的频率都在这个范围内。对于声乐来说，人声的频率范围在80~3400 Hz。

从生理上讲，音乐属于人对音频的反应，也是人类发声方式的一种。我们听到的声音都是机械振动通过空气传到耳朵里引起耳膜的振动，进而由听觉神经传到大脑。我们发出的声音是我们位于喉咙的声带产生振动，再通过空气传播出去。

从心理上讲，音乐是人类的一种语言。法国哲学家卢梭曾经把音乐称为“人类的第一种语言”，可见音乐对于人类之间交流的重要性。音乐的声音传到大脑，由大脑解析出这些声音的特征，就形成了对音乐的感受。

从艺术上讲，音乐是指有旋律、节奏或和声的人声或乐器音响等配合所构成的一种艺术。显然，旋律是音乐最明显的首要要素。构成旋律的首先是音高。音高用音阶来表示，也就是前面说到的1、2、3、4、5、6、7。

这些音高所对应的频率都是多少呢?

位于钢琴中间的7个音叫做中央音，也就是不加高低音点的1、2、3、4、5、6、7，音乐专业上标为C4、D4、E4、F4、G4、A4、B4。现在国际遵循的音乐标准是将A4，也就是6，定为440 Hz，叫做标准音高。

根据人类对音高的感觉，频率每增加1倍，我们就感觉升高了“八度”，比如说从1升到高音$\dot{1}$，这八度期间有2个升高“半音”，5个升高“全音”。为了兼顾不同的调式，将每个全音都分为2个半音，这样每升高或降低八度，期间就有12个不同的音高。

国际音乐标准中对这12个音高的关系采用“十二平均律”来计算。不过要注意，这里的平均不是算术平均，而是几何平均，因为我们对频率的变化是按比例来反应的。这个平均比例是$\sqrt[12]{2}$，大约为1.059。例如A4到B4升高了一个全音，也就是两个半音，所以B4的频率为$440\ \text{Hz}\times(\sqrt[12]{2})^2=493.88\ \text{Hz}$。这些计算你可能还不太明白，可在以后慢慢学习，现在只要明白文字就可以啦。

十二平均律是怎么来的？伽利略的父亲文森左·伽利莱在《古代与现代音乐的对话集》中描述：十二平均律是由古希腊的亚里士多塞诺斯最早提出的。文森左·伽利莱本人也对十二平均律进行了估算。

中国明朝的朱载堉是世界上第一个准确计算十二平均律的音乐家。据说朱载堉用横跨81档的特大算盘来计算开方，其计算精度不亚于半个世纪之后欧洲数学家们的计算结果。

十二平均律是键盘乐器制造的理论基础，钢琴的键盘排列就是依据十二平均律设计的。

有没有办法直接体会各个频率的声音？用手机搜索安装“频率的声音发生器”试试吧。

40 3、4、5的故事

3、4、5这三个数字是什么关系？三个连续的自然数呗！但现在我们要说的是3、4、5的另一种关系，也就是$3^2+4^2=5^2$，这就是著名的勾股定理。“勾三股四弦五”，在中国古代，人们把直角三角形的短直角边叫勾，长直角边叫股，斜边叫弦。

像3、4、5这样的一组数字，叫做勾股数组。但除了3、4、5，其他直角三角形的直角边和斜边是不是也满足这个关系呢？是的，任意一个直角三角形，两个直角边a、b的平方和都等于斜边c的平方：$a^2+b^2=c^2$。

公元前3000年的古巴比伦人就知道和应用了勾股定理，他们还计算出许多勾股数组。美国哥伦比亚大学图书馆收藏的一块古巴比伦泥板上面，就记载了很多勾股数组。古埃及人在测量尼罗河泛滥后的土地和建筑宏伟的金字塔时，也应用过勾股定理。

系统地研究和应用这个定理的是古希腊和古代中国。古希腊人将这个定理称为毕达哥拉斯定理，因为这一定理是由著名的毕达哥拉斯学派证明的，同时，这是毕达哥拉斯学派最重要

毕达哥拉斯

的研究成果。据说，毕达哥拉斯还特意杀了100头牛来庆祝这项成果的诞生，因此这个定理又被叫做“百牛定理”。

毕达哥拉斯定理还造成了当时数学界的一种恐慌。按照当时人们的认识，数字只有整数和分数。而当一个直角三角形的两条直角边都是1的时候，斜边的平方是2，也就是说斜边本身是 $\sqrt{2}$ 。可 $\sqrt{2}$ 既不是整数也不是分数，这和毕达哥拉斯学派关于数字的理论是不相容的。怎么办？据说学派为隐藏这个秘密，决定杀死发现这一秘密的弟子希伯斯。最终，希伯斯被扔进了地中海。人类进步的历史有时就是这样，充满了血腥！

暂时的保密挡不住人类探索的脚步。化解这次危机的事件是无理数的产生。无理数是什么？就是无限不循环小数。典型的无理数有 $\sqrt{2}$ 、$\sqrt{3}$ 、圆周率π、自然对数底e等。这些数都不能写成两个整数的比，也就是分数的形式。

中国对这个定理的探索追溯到公元前11世纪。“勾三股四弦五”就是当时的周朝数学家商高提出的，因此这个定理也被称为“商高定理”。三国时代的赵爽、魏晋时代的刘徽都证明了勾股定理。赵爽描述：“勾股各自乘，并之为弦实。开方除之，即弦。”

很多科学家因受这一定理的影响对科学研究产生了浓厚兴

趣。在爱因斯坦十二岁时，他的叔叔送给他一本探讨欧几里得平面几何的小册子，里面就有这一定理，于是他用自己的方法证明了定理的正确性。这使他兴奋无比，他说：这是他的第一个研究成果。美国的数学家、教育家、政治家加菲尔德也独立给出了自己的证明。在证明勾股定理的5年后，他当选美国第20任总统，所以人们又称他的方法为“总统证法”。

加菲尔德

勾股定理的证明是论证几何的开始。中国清朝末年的数学家华蘅芳提出20多种勾股定理的证明方法。1940年出版的《毕达哥拉斯命题》收集了367种不同的证法。据统计，目前对勾股定理的证明有500种以上的方法。你有没有冲动用自己的方法证明一下呢?

勾股定理是人类早期发现并证明的一个重要的数学定理，被誉为几何学的基石。它是第一个把几何与代数联系起来的数学定理，也是用代数思想解决几何问题的最重要的工具之一。1971年5月15日，尼加拉瓜发行了一套题为“改变世界面貌的十个数学公式”纪念邮票，由著名数学家选出10个数学公式，勾股定理居于首位。

41 数字9的游戏

这是一个需要简单计算的游戏，先熟悉一下游戏的计算规则。

加、减、乘、除：按照普通规则计算。比如让你“加1”，就加上1。

横加：把数字的每一位数加在一起。如326，横加为3+2+6=11。再如7，横加后还是7。

后加：在数字后面添加。如20，后加19，即2019。

准备好纸、笔。尽量心算；没有把握时，就在纸上算。

游戏开始。

想一下你自己的年龄。把年龄数加1，乘6，乘2，横加，乘3，加18，横加，再横加，加2010。2019！对不对？

觉得神奇吗？下面再做一个。

随便想一个两位数。乘2，横加，乘3，横加，乘4，横加，乘5，横加，乘6，横加，乘7，横加，再横加，加99，横加，再横加，再横加，乘4，减29。北斗有几颗星？就是这个数字——7。

如果一个数能被9整除，那么它的各个数位之和也一定能被9整除

有点不可思议吧！这个游戏实际上是利用了9的特性。

9有什么特性呢？它的基本特性就是，如果一个数能被9整除，那么它的各个数位之和也一定能被9整除。比如99能被9整除，9+9=18也能被9整除，1+8=9还能被9整除。换一个说法，如果一个数是9的倍数，那么它的各个数位之和也一定是9的倍数。“各个数位之和”就是横加，而不断横加的结果就是9的最低倍数——9本身。

除了9，数字3也有类似的性质：如果一个数是3的倍数，那么它的各个数位之和也一定是3的倍数。比如789是3的倍数，7+8+9=24也是3的倍数，2+4=6还是3的倍数。

3和9又有特殊关系：3×3=9。这些都为咱们的游戏提供了依据。

找到关键所在了吗？

第一个游戏，除了横加，关键有2个：乘6和乘3。乘6相当于先乘2再乘3，结果一定是3的倍数，乘2横加后也还是3的倍数，再乘3后一定是9的倍数，加2倍的9也就是18没有影响，再经过两次横加，应该就是9了。9加上2010，自然就是2019。

第二个游戏，从2乘到了7，只有乘3和乘6是有效步骤，

其中暗含了乘9。经过多次横加，一定等于9。后面的运算就简单明了了。

这个游戏能不能扩展到多位数？当然没有问题！想想用什么办法缩短数字的长度？对了，可以让它开始就横加！这样既方便计算，又不容易出错。要知道，计算中无论谁出错，都会影响游戏的趣味性。

熟悉并掌握一些简单数字的特性，不但有利于提高计算速度，减少计算错误，还能增添无穷的乐趣，让数字以及数学成为我们的朋友

熟悉并掌握一些简单数字的特性，比如2可以整除所有的偶数，末位是0的多位数整数不一定能被4整除，末位是5或0的整数一定是5的倍数，等等，不但有利于提高计算速度，减少计算错误，还能增添无穷的乐趣，让数字以及数学成为我们的朋友。

42 数字的单位

按照进位计数制写出的数，随着数字的增大，必须引入更大的数字单位才能方便、准确地读出。比如20190714，就要读成二千零一十九万零七百一十四。

中国的数字单位，按照传统，从个位起，往大处说，有十、百、千、万、亿、兆、京、垓（gāi）、秭（zǐ）、穰（ráng）、沟、涧、正、载、极、恒河沙、阿僧祇（qí）、那由他、不可思议、无量、大数等。往小处说，有分、厘、毛、糸（mì）、忽、微、纤、沙、尘、埃、渺（miǎo）、漠、模糊、逡巡（qūn xún）、须臾（xū yú）、瞬息、弹指、刹那（chà nà）、六德、虚空、清净、阿赖耶（ā lài yē）、阿摩罗、涅槃（niè pán）、寂静等。

部分数字及符号

中国的数字单位，以整数为例，万以下是十进制，有个、十、百、千、万；万以上是万进制。1万=10^4，1亿=10^4万=10^8，1兆=10^{12}，1京=10^{16}……1大数=10^{72}。当然，如此之大的数字平时用不到。

中国的数字单位，单个字的都来源于中国古代；从恒河沙到无量来自印度，是随佛教传入的；大数则是唐朝时来源于日本。

比起中国，国外的数字单位比较复杂。

例如英语，除了1至10外，11至20和以后的每个十位都有各自的命名。另外还有百、千、百万、十亿和万亿的命名。

国际单位制的进位采用千进制。比如米（m）的辅助单位有千米（km）、毫米（mm）等，它们之间的倍数都是1000：1 km =10^3 m，1 m=10^3 mm。

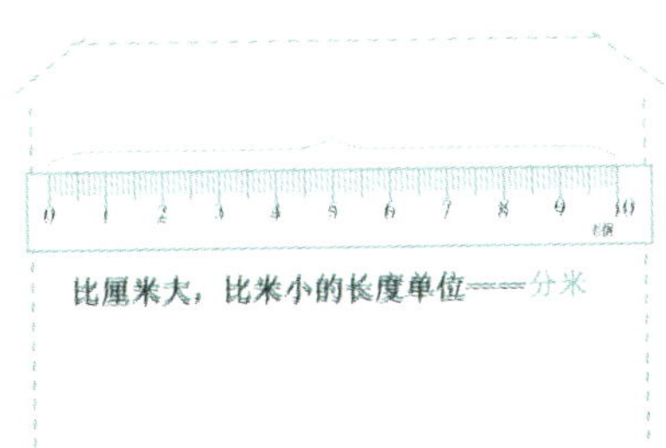

国际单位制的进位采用千进制

这些辅助单位，从大到小常用的有：

T（太，10^{12}），G（吉，10^9），M（兆，10^6），k（千，10^3），m（毫，10^{-3}），μ（微，10^{-6}），n（纳，10^{-9}），p（皮，10^{-12}）。μ

是希腊字母，读作miu。

注意，这里字母的大小写不可弄错哦。这里所用的汉字和我们中国的数字单位也不全一样，比如兆，在中国的万进制里是10^{12}，而在国际单位制里是10^{6}。

我们知道，计算机里面采用的是二进制，但随着数字的增大，也需要一些辅助的进位来缩小数字表达的长度。这时采用的进制是$2^{10}=1024$，主要有T、G、M、K。它们之间的倍数都是1024：1 T=2^{10} G，1 G=2^{10} M，1 M=2^{10} K。

注意区分字母K的大小写，1 k=10^{3}=1000，而1 K=2^{10}=1024！

妈妈手机的存储容量是多大呢？比如，可能是128 G。现在你明白这个数字的大小了吧。

有的时候，我们还需要一种叫做科学记数法的方法来规范地表达数字。比如，有两个这样的数字：10200000000和0.0000000803，用科学记数法写出来，就是1.02×10^{10}和8.03×10^{-8}。这种数字的表示方法是将数字分成两部分，前一部分是带一位整数的小数，整数可以是1到9，后一部分表示的是小数点向后或向前移动的位数。

试试在你的数学作业里面采用科学记数法吧！

43 有没有最大的数?

为了写出比较大的数，我们引入了更大的数字单位，比如万、亿等。有些数字，比如1光年有多远、国王赏米是多少粒，大得都难以想象。那么，有没有最大的数呢?

最大的、具体的数字其实是不存在的。如果你给出一个数，说是最大的，那么给这个数再加上1，岂不就更大了！由此，数学家们不得不弄出一个无穷大的概念。什么是无穷大?简单地说，无穷大是一个变量，不是一个具体的数。你说出一个数，就可以找到一个比这个数还大的数，这就是无穷大。

现在还没有人能够真正想象出无穷大的数字到底有多大。数学家对无穷大做过很多研究，发现它的性质跟普通的数字完全不同。

1874年，德国数学家康托尔最先系统地研究了无穷大。他思考了一个问题：像1、2、3……这样的整数，一共有无穷多个；一条线上点的数目，也是无穷多个。那么整数的个数和一条线上点的个数，到底哪个更大呢？难道都是无穷大？还有大小之分吗?

康托尔

先看一个简单的例子。开会了，大家能坐都要坐下。会议室的椅子和开会的人数是否相等？如果有空的椅子，就说明人少；如果有人站着，就说明人多；如果没有空椅子也没有人站着，就说明人和椅子一样多。

用这种一一对应的方法来看一下整数和一条线上的点哪个更多吧。假设这条线从0点开始，我们可以给线上的每一个点都赋予一个数字，这个数字就是它到0点的距离。这条线上不仅有代表整数的点，也有代表分数的点，还有代表无理数的点。如果用整数去一一对应这些点的话，就会发现总有一些点是对应不上的。于是，我们就可以得出结论，虽然整数的个数和一条线上的点的个数都是无穷大的，但线上点的个数大于整数的个数。也就是说，无穷大之间也可能存在着大小的不同。有些无穷大，就比其他无穷大要高上一个等级。

下面比较一下大家都很熟悉的两种数的多少：奇数和偶数。

奇数和偶数的数目都是无穷的，那奇数和偶数哪个更多呢？你可以用奇数1对应偶数2，奇数3对应偶数4，奇数5对应偶数6……你会发现，奇数和偶数可以一一对应，所以奇数的总数和偶数的总数是相等的。

奇数和偶数合起来构成整数，奇数和偶数在数目上又是相等的，所以很容易得出一个推论：奇数和偶数各是整数的一半。且慢，这个说法不正确！

还是采用一一对应的方法，考察奇数和自然数哪个多。用整数1对应奇数1，整数2对应奇数3，整数3对应奇数5，整数4对应奇数7……这样对应下去，也可以找到一一对应关系。这说明奇数的数目和整数是一样多的！

由此可见，在无穷大的情况下，部分是可以等于整体的，这违背了我们的直觉，跟我们的常识很不一样。

在无穷大的情况下，部分是可以等于整体的

通过长时间的研究，现在数学家把无穷大分成了三个等级。一级，就是整数的数目。二级，是线段、长方形、立方体这些几何结构里点的数目。三级，是所有曲线的形状的数目。到目前为止，数学家还没有发现比三级无穷大还大的数字。

44 需要记住的数字

有很多数字是需要记住的。看看你记住了多少。

现在的日期。比如今天是2020年5月13日，星期三。知道今天是几月几日，星期几，对于你的学习和生活都是十分方便的。你想啊，如果记错了明天是星期几，上学都会带错书的。

你的住址。一般情况下，你的住址里面含有数字，所以要从省、自治区、直辖市，到你所在的城市或乡镇的具体名称，连同最后面的数字编号一起记住。例如，你住在陕西省西安市雁塔区大雁里3号楼2门1201号。

需要熟记的几个电话号码。哪些号码一定要记在脑子里呢？家里和父母的电话。如果每天接送你上下学的是爷爷、奶奶、姥爷或姥姥的话，也要记住他们的电话。当你遇到紧急情况时，首先要给他们打电话。老师的电话，尤其是班主任的电话。遇到和学校相关的事情，找老师是最好的办法。如果你已经有了自己的电话，号码也要记熟。

报警电话。最重要的报警电话有4个，一定要牢牢记住。

120 急救电话
110 俗称“匪警”
119 俗称“火警”
122 交通事故报警台

最重要的报警电话有4个，一定要牢牢记住

120，急救电话，发生任何需要医疗救助的情况，包括自身的和他人的，都可以拨打这个电话。

110，俗称“匪警”，通常是发生了治安事件，比如有人被打了，需要警察叔叔立刻到场处理时拨打的电话。

119，俗称“火警”，是发生了火灾，也就是着火了的时候拨打的电话。

122，交通事故报警台，发生交通事故时拨打的电话。

除了电话号码，还有一些数字最好也能记下来。

身份证号。如果你的年龄还小，可能还没有办理身份证，但身份证号从你一出生就有了。身份证号非常有用，它反映了省份、地区、出生日期等重要信息。记住身份证号，在日常生活中或外出旅游时都会比较方便。

生日。父母、兄弟姐妹、好朋友等那些你在意的人的生日，要尽量记住。记住生日不仅是对他们的尊重，也是你爱他们的一种表达方式。

纪念日。纪念日有很多种，根据个人情况的不同会有很大的差别。

一些特殊的日子。比如入学时间、毕业时间等，这些时间在你的学习、生活上有一定的意义和重要性，是你人生的一些时间节点。

常见的节日。比如春节、儿童节等。我们常提到的农历八月十五日是中秋节。还有一些节日，如劳动节、国庆节等，都要慢慢记住。

一些节日，如劳动节、国庆节等，都要慢慢记住

我们日常生活中流通的人民币，从大到小有以下面值：100元、50元、20元、10元、5元、1元纸币，1元、5角硬币，还有面值较小的1角硬币等。使用它们买东西时可不要看错哦。

45 来自身体的数字

我们的身体里有很多数字，有些数字很有趣，有些数字也会让人很吃惊。

组成生物的基本单元是细胞。人体由100多万亿个细胞组成，光大脑神经细胞就有140亿个，也就是说一个人脑神经细胞的个数，相当于地球上现有人口数量的2倍。神经细胞不会增加，只会死亡。40岁以后的人，每天约有1000个神经细胞死亡。

大脑神经细胞中神经冲动的传递速度超过每秒100米，是世界冠军博尔特百米速度的十几倍，折算成每小时360千米，相当于我国目前高速铁路的最快速度。

还有几个和速度有关的数字，都很有意思。

每个人每天要眨眼1万次左右，以保持眼睛润滑；喷嚏在口腔中的运行时速为965千米，接近战斗机的速度；咳嗽的速度要慢些，平均时速为140千米。要不怎么打喷嚏比咳嗽要急呢！

心脏和自己的拳头大小相当，每分钟跳动60～100次。以每分钟70次计，活到80岁，跳动约30亿次。心脏每分钟的排血量

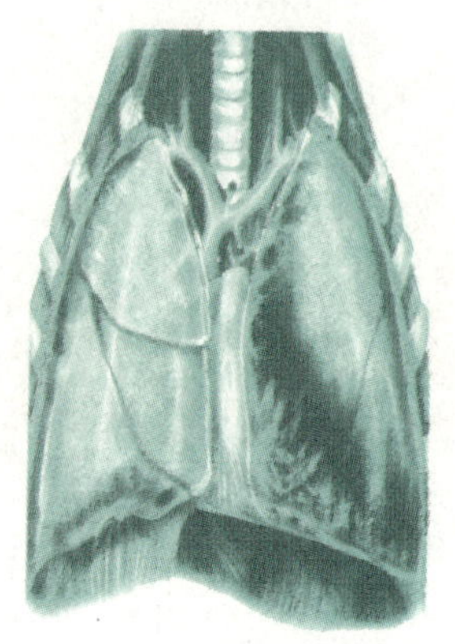
人的肺脏

为5千克，每天向全身输送血液超过7000千克。7000千克就是7吨，问一下妈妈，你家1个月用几吨水？心脏可以连续工作100多年，3年半时间所泵出的血液可以浮起一艘万吨巨轮。

人有两个肺，由7.5亿个肺细胞组成，要将全部肺泡铺平放在地上，有70～100平方米，而一个成年人的皮肤总面积约为2平方米。比一比你住的房间面积的大小吧。肺在胸腔扩张最大时，能容纳4.5升的空气。人类呼吸每分钟12～20次，全天呼吸17000～29000次。原来呼吸比眨眼次数还多呢。做个小实验，试一试呼吸一次，眨一次眼。咦，差不多！不过，睡觉时可是只呼吸不眨眼啊。

人吃饭时，食物从口进入胃里只要4～8秒钟，可要在胃里停留长达4小时，还要在小肠里经过4～8小时，在大肠里经过6～20小时的旅行。

人的一生要吃掉10～15吨食物，喝掉50～80吨水。这些食物和水经过消化，大多以大便和小便的形式排出体外。一个人一生中要从眼睛流出65千克的泪水。

人的血液总量占体重的8%，也就是说，体重为50千克的人，大约有4千克的血液。人体各处布满1000多亿根大大小小的血管，如果全部连接起来，有10万千米长，可绕地球两圈多。

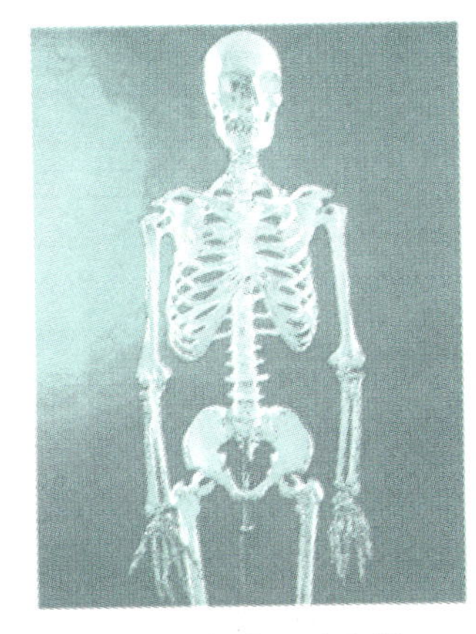
人体之躯靠骨骼支撑

人体之躯靠骨骼支撑，全身骨骼约占体重的20%，也就是说，体重为50千克的人，骨骼重约10千克。骨骼虽是空心的，却有许多适应力学要求的纹理结构，每平方米的骨骼可以承受1吨的重压。206块骨骼和600余块肌肉构成人体的支架，支持人的全身运动，也对五脏六腑起到重要的保护作用。

人的眼睛含有1200万个视杆细胞和650万个视锥细胞，能够区分150多种颜色；在视网膜里获得清晰的图像，需要0.1秒的曝光。

人耳朵的鼓膜，其表面积有50~90平方毫米，相当于你小指的指甲。人耳能灵敏反应周围的声音，两个耳朵还能判断声音的方位，这叫做双耳效应。

人鼻子的嗅觉接收器——嗅上皮，其表面积为500平方毫米，相当于1枚1元硬币的一面，能闻出2000多种不同的气味。

一般情况下，人约有10万根头发，一根头发的直径大约为0.07毫米，每根头发一天要长0.4毫米。

有关人身体的数字还有很多很多，试着找出自己关心的数字吧！

数字技术

人类记录数字、使用数字、研究数字，为文明的进步提供了强有力的支持。由数字演化而来的数学又推动了自然科学，尤其是物理学的极大发展。可以说，数学是一块看不见的、矗立在现代化大厦下面的基石。但这并不是全部。数字本身还发展成了“技术”。毫不夸张地说，数字技术是我们现代化大厦的另一块看得见的、实实在在的基石。

我们已经知道，数学的发展有两个重要的分支：一个是进位计数制，一个是数理逻辑。进位计数制里面的二进制采用0和1两个数码表示数字，数理逻辑里面的布尔代数则采用0和1两个符号表示相互对立的逻辑关系。巧合的是，这种逻辑关系的罗列就是二进制。

如何实现布尔代数里面所描述的逻辑关系呢？这就要用到物理学了。20世纪物理学的两个最伟大的成就是相对论和量子力学。在量子力学的诸多成果中，1947年诞生的半导体器件——晶体管，对计算机技术、通信技术或者我们现在统称的信息技术的发展起到了决定性的作用。

1947年诞生的半导体器件——晶体管，对计算机技术、通信技术或者我们现在统称的信息技术的发展起到了决定性的作用

由一个一个的晶体管组成的电路叫做分立元件电路。把这些小管和其他元件制作在一块硅片上，就是集成电路，也就是所谓的“芯片”。现在在一块指甲盖大小的硅片上可以集成几十亿个晶体管。

这些小管如何工作，它们的任务是什么？它们在电路里起到“开关”的作用，使电路形成两个对立的状态，并用逻辑值0和1表示。这些0和1多了，就以二进制的形式进行“计算”——这就是计算机的由来。由此看出，组成计算机的电路就是数字电路。

说起计算机，你就不陌生了。现在家家户户都有好几台计算机。每一部智能手机就是一台计算机！计算机代替了人脑的一些功能，所以我们也叫它“电脑”。

我们说有了数字电路，就有了计算机、信息技术和对各种信息的处理，像声音、文字、图片、视频，还有你喜欢的动画等。当然，也有了互联网。

有人说我们现在的状态是“数字化生存”，这是有一定道理

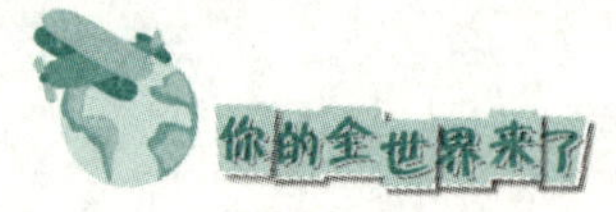

的。试想我们学习、娱乐、工作、生活的方方面面，哪一个不和数字技术打交道呢？我们使用的相机是数码相机；我们使用的手机，是数字通信；现代工业生产中应用的是数字化生产线，甚至我们的校园被称为数字化校园。一句话，所有的自动化和智能化，首先来自数字化！

在数字化时代，人与人的交互大多是以网络为媒介的。我们利用互联网打开微信，家用电器以及门锁等都可以被“智能家居”控制，人们几乎可以在任何时间、任何地点用设备获得他需要的信息。

计算机无所不在。汽车、家电、牙刷、钥匙等生活用品和装置可能都会带有芯片——数字电路，所有信息都以数字形式存在。音乐有MP3，视频有MP4，动画有FLASH，图书有电子版，过去需要实际操作的，现在只要用计算机仿真就可以了！

你有没有发现，我们花的钱也数字化——不需要使用现金了？更有甚者，有人发明了在网上流通的“比特币”。还记得吧，比特是二进制数字中的位。

比特币

数字技术的发展与应用，还看不到尽头。

47 什么是模糊数学？

模糊数学，又称Fuzzy数学，是研究和处理模糊性现象的一种数学理论和方法。模糊性数学发展的主流是在它的应用方面。

模糊数学的基本思想就是用精确的数学手段对现实世界中大量存在的模糊概念和模糊现象进行描述、建模，以达到对其进行恰当处理的目的。比如我们要到一片西瓜地里找一个最重的西瓜，这是一件工作量相当巨大的任务，瓜地越大，难度越大，我们必须把所有西瓜摘下来，称重，最后才能找出那个最重的。如果我们改成“到瓜地里去找一个比较重的西瓜”，问题就会简化很多。

在客观世界中，存在着大量的模糊现象。我们会遇到很多模糊的事物，没有分明的数量界限。比如，高个子、胖、热、远……多少厘米才算高个子？体重多少算胖？温度多少算是热？距离多少算是远？所以我们需要模糊数学。

1965年，美国控制论专家扎德教授发表了题为《模糊集合》的论文，标志着数学的一个新分支——模糊数学的诞生。

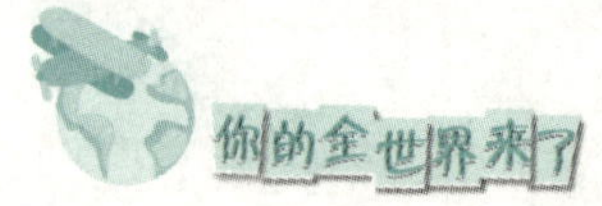

美国控制论专家扎德教授

模糊数学是一个较新的现代应用数学学科，它是继经典数学、统计数学之后发展起来的一个新的数学学科。统计数学是将数学的应用范围从确定性领域扩大到了随机领域，即从必然现象到随机现象；模糊数学则是把数学的应用范围从确定性的领域扩大到了模糊领域，即从精确现象到模糊现象。在各学科领域中，所涉及的各种量总是可以分为确定性和不确定性两大类。对于不确定性问题，又可分为随机不确定性和模糊不确定性两类。模糊数学就是研究属于不确定性，又具有模糊性的量的变化规律的一种数学方法。

模糊数学的研究内容主要有以下三个方面：

第一，研究模糊数学的理论以及它和精确数学、随机数学的关系。

第二，研究模糊语言学和模糊逻辑。

第三，研究模糊数学的应用。

模糊数学以不确定性的事物为研究对象。现今已有模糊拓扑学、模糊群论、模糊图论、模糊概率、模糊语言学、模糊逻辑学等分支。

1976年，我国开始注意模糊数学的研究，1980年成立了中国模糊集与系统协会。1981年创办《模糊数学》杂志，1987年创办了《模糊系统与数学》杂志。1988年我国汪培庄教授指导几位博士生研制成功了一台模糊推理机——分立元件样机，它的推理速度为1500万次/秒，这表明中国在突破模糊信息处理难关方面迈出重要一步。

1987年创办了《模糊系统与数学》杂志

2005年8月20日，中国运筹会Fuzzy信息与工程分会正式成立，表明模糊数学在中国取得了应有的地位。2016年，四川大学刘应明院士获得模糊数学领域的最高奖项。中国是全球四大模糊数学研究中心之一，其他三个研究中心分别是美国、西欧和日本。

我国学者应用模糊数学理论在地质探矿、生态环境、企业管理、生物学、心理学、医学等领域分别取得了较好的应用成果。

48 数学王冠上的明珠

数学史上，哥德巴赫猜想是一个著名的事件，它是世界近代三大数学难题之一，由德国数学家哥德巴赫提出。这个猜想提出之后，众多数学大师认真探求，寻找解决方法。在长达近300年的历程中，其间所用的数学方法和数学工具对数学界以至整个社会都产生了深远的影响。

哥德巴赫

两百多年前，德国数学家彼得科学院院士哥德巴赫以大量的整数做实验，结果发现任何一个整数总可以分解为不超过三个质数的和。但是他不能给出严格的数学证明，甚至连证明该问题的思路也找不到。于是，在1742年他把这个猜想写信告诉了当时享有盛誉的数学家欧拉。欧拉经过分析和研究把这个猜想归纳成两点。

猜想1：任何等于或大于6的偶数都可以表示为两个奇质数之和。例如：6=3+3，8=3+5，10=5+5，12=5+7，……，48=29+19……

猜想2：任何等于或大于9的奇数都可表示为三个奇质数之和。例如：9=3+3+3，11=3+3+5，13=3+3+7，27=3+11+13……

哥德巴赫猜想看似简单，但是证明它实属不易，这道数学难题引起了世界上成千上万的数学家的注意，但是证明难度远远超过人们的想象，有的数学家把它喻为“数学王冠上的明珠”。著名数学家哈代认为：哥德巴赫猜想可能是没有解决的数学问题中最困难的一个。

哥德巴赫猜想在提出后很长时间内没有进展，直到20世纪20年代，数学家从组合数学与解析数论两方面分别提出了解决思路，终于在其后的半个世纪里取得了一系列突破。他们采用的主要方法是筛选、圆法、密率法及三角和法等高深的数学方法。

1937年，苏联数学家维诺格拉陀夫采用自己创造的“三角和”方法证明了弱哥德巴赫猜想，即“每一个充分大奇数都可表示为三个素数之和”。

1920年，挪威数学家布朗用一种古老的筛选法缩小了研究范围，于是科学家们从“9+9”开始，逐步减少每个数里所含素

数因子的个数，直到最后使每个数里都只有一个素数为止，即“1+1”。就这样“7+7”“6+6”“5+7”“4+9”“3+15”“2+366”“5+5”“4+4”“1+c”（其中c是一个很大的自然数）“1+3”陆续被证明。

对于哥德巴赫猜想，中国科学家也做出了巨大的贡献。

1956~1957年，王元证明了“3+4”“3+3”“2+3”。潘承洞和苏联的巴尔巴恩证明了“1+5”，同年潘承洞和王元证明了“1+4”。

1966年，陈景润证明了“1+2”，这是一个非常重大的突破

1966年，陈景润证明了“1+2”，这是一个非常重大的突破。陈景润关于哥德巴赫猜想“1+2”的完成，60年无人超越。最终会由谁攻克“1+1”这个难题呢？陈景润“1+2”的完成离哥德巴赫猜想的最后结果“1+1”只有一步之遥，但是最后一步也许还要经历一个漫长的探索过程。

我们期待那一天早日到来。

49 东西方的数字喜好

数的产生是人类文明史上的一个创举，它对人类生活的影响非常巨大，人类的生活离不开它。它的发展也经历了一个漫长的过程，在这个过程中，不同国家、不同民族又不可避免地表现出对一些数字的好恶。

在我国，数字的神秘化最早出现在《易经》上，1到10被分为奇数和偶数。奇数象征着天和阳性事物，偶数象征着地和阴性事物，数字3是天数，是天的象征，4是地数，是地的象征。两个3的乘积9是天数的极数，两个4的和8是地数的极数，这两个极数的乘积是72。72有一种神秘的意义，在五行观中，一年被分为东、西、南、北、中五个方位，一年360天被分为72候，大教育家孔子有72贤徒，

大教育家孔子

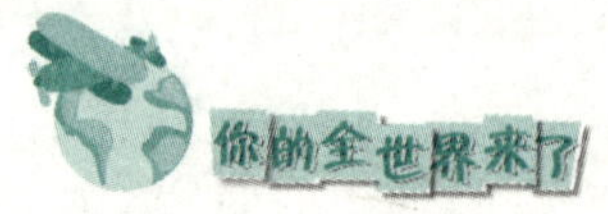

神通广大的孙悟空有72般变化。

在西方，数字的神秘性在毕达哥拉学派中得到最高体现。他们认为数本身就是世界的秩序，偶数是可分解的，也是最容易消失的，是阴性的，属于地上的。而奇数是不可分的，是阳性的，属于天上的。每个数字与人的某种性质相合，1表示理性，因为理性是不变的；2是第一个偶数，代表变化多端的见解；3是1和2构成的，代表单一和多变的数的调和；4是第一个平方数，代表公正；5是第一个阴性数2和第一个阳性数3的结合，表示婚姻。在这里，1不按奇数算，而是一切数的源。

数字13在西方一些国家，很不讨喜。传说，耶稣受害前和弟子们共进了一次晚餐。参加晚餐的第13个人是耶稣的弟子犹大，就是这个犹大出卖了耶稣。参加最后晚餐的是13个人，晚餐的日期恰逢13日，“13”给耶稣带来苦难和不幸。从此，数字13被认为是不幸的象征，也是背叛和出卖的同义词。

参加晚餐的第13个人是耶稣的弟子犹大，就是这个犹大出卖了耶稣

现在西方对13的忌讳仍然没有消除。很多高楼没有第13层，医院和旅馆通常没有房间号13。在意大利的佛罗伦萨街道，门牌号12和14之间是12.5。

那么，哪些数字是被人喜欢的呢?

数字科学家认为，12是一个“完全”的数字，一年12个月，黄道12宫，奥林匹斯山12位主神，赫拉克勒斯12功绩，以色列12个部落，以及耶稣的12位传道者。而13就“稍微超过‘完全’一点点”，这个数字表达的含义就变得不安定。

数字3也为人们偏爱，代表三位一体，是非常神圣的数字。早期基督徒把三角形奉为永恒的象征。古巴比伦人崇拜太阳、月亮、金星时，数字3被说成是“幸福的”。在德国的民间传说中数字3也反复出现。

东西方文化的差异往往会对同一个数字产生完全相反的心理。比如我们对13这个数字没有任何反感，西方却避之不及，我们喜欢的666，在西方却被认为是“兽数”，是不吉利的象征。

数的神秘意义是人为赋予的，其实数就是数，是我们进行计算的工具而已。

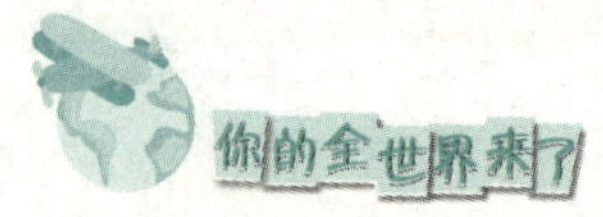

50 二战中的数学难题

第二次世界大战是人类历史上规模最大的一场战争，参战国家之多，涉及地域之广，延续时间之长，死伤人数之多，财富损失之重都是史上空前的。在这次世界大战中，有许多有正义感的数学家投入到世界反法西斯同盟的战线中，为赢得战争胜利做出了巨大的贡献。

我们看一看数学家们是如何在战争中发挥他们的聪明才智的。

1943年以前，在大西洋上英美运输船队要给部队提供给养，可是沿途常常受到德国潜艇的袭击。为此，一位美国海军将领专门请教了几位数学家，询问他们能否解决这个问题。数学家们运用概率论分析后发现，舰队与敌潜艇相遇是一个随机事件。它具有这样的规律：一定数量的船编队规模越小，编次就越多；编次越多，与敌人相遇的概率就越大。所以应该扩大编队规模。这样的建议让盟军舰队遭袭被击沉的概率由原来的25%下降为1%，大大减少了损失。

随着英军战斗力的增强，运输船队决定面对德军潜艇的袭击进行反击，他们使用深水炸弹对德军潜艇实施攻击，在空中投出深水炸弹，但轰炸效果却不理想。数学家们专门研究了这一问题。结果发现，潜艇从发现英军飞机开始下潜到深水炸弹爆炸为止，只下潜了7.6米，而深水炸弹已下沉到21米处，这样当然不能伤到潜艇。计算后，数学家们认为将爆炸深度由21米调整到9.1米，效果最佳。这样轰炸效果一下子提高了4倍，德军一时间还以为英军又有了什么新式武器。

提高了4倍的轰炸效果

再介绍一个事例，当时美国飞机在飞行途中有时会被敌方重创。大家发现返航的飞机中，大部分的弹孔出现在机翼和机身，而发动机处几乎没有弹孔，所以军方认为应该给机翼和机身披上装甲。这时，一位聪明的数学家及时给出了相反的意见。他认为飞机加装装甲的部位应该是飞机的引擎。因为飞机各部位受创的概率应该是相等的，引擎上的弹孔少，那么失踪

的弹孔去了哪里呢？原因就是那些引擎中弹的飞机根本没有返程。正是由于这位数学家出色的数学思维，避免了一个重大的错误决定。

图灵

除了应用于战术方面，数学家们的智慧更多应用于战略层面，这在密码方面表现得更为突出。英国利用数学家图灵的可计算理论设计了一台破译机，破译了大批德军密码，直接扭转了英国在大西洋潜艇作战中的不利地位。1941年5月21日，英国情报机关截获并破译了希特勒给海军上将雷德尔的通信密码，从而使号称当时世界上最厉害的一艘德国巨型战舰“俾斯麦”号葬身鱼腹。同样，当时美军利用专家破译的情报，在1943年4月18日结束了到卡西里湾视察的山本五十六罪恶的一生。

二战中由科学家参与的事例很多，无怪乎美国有这样的认识，得到一个第一流的科学家，比俘获10个师的德军要有价值得多。

51 世界互联

可以这样说，你的父母出生在数字时代，而你出生在升级了的数字时代——互联网时代。

互联网的发展得益于数字技术。数字技术是从20世纪40年代开始发明、发展和逐步推广开来的，你的父母就出生在数字技术发展的成熟期。现在，世界互联已成事实，万物互联的脚步也越来越近。

世界是如何互相关联在一起的呢？这要从两方面说起。

集成电路是20世纪50年代开始发展起来的一种新的电子技术成果

一方面是数字集成电路的兴起。集成电路是20世纪50年代开始发展起来的一种新的电子技术成果。开始是在像你的小指指甲那么大的地方制作成包含十几个电子元件的电路，因为把元件和导线“集成”在一起，所以叫做集成电路，也就是今天常说的“芯片”。集成电路分为模拟集成电路和数字集成电路。现在的集成电路已经可以在指甲大小的芯片上集成几十亿个元件了。

1946年诞生的现代数字电子计算机ENIAC，使用的是电子管。数字集成电路的出现使得数字电子计算机的发展突飞猛进，甚至一日千里。现在日常使用的计算机，俗称电脑，其实是数字电子计算机的简称。

另一方面，随着各种通信技术的进步，计算机之间的互联成为可能。开始是大学内部成员需要查询服务器里面的重要资料，于是形成了自己的网络，称为局域网；后来人们发现局域网之间也可以连接在一起，于是形成了互联网，英文叫Internet，所以也叫因特网。

现在世界上所有的计算机，包括具有计算机功能的其他设备，比如智能手机，都可以互相关联在一起

现在世界上所有的计算机，包括具有计算机功能的其他设备，比如智能手机，都可以互相关联在一起。所有互联网上的设备都必须共

同遵守TCP/IP协议，称为传输控制协议和网际协议，这些协议是为保证互联的有效性和可靠性而制定的。

这么多的计算机，包括手机等这些“准计算机”，关联在一起会不会乱？你和在大洋彼岸的表姐通过互联网说悄悄话，会不会传到其他计算机上去？不会的。每一台设备都由IP协议提供唯一的“地址”，就是IP地址。

在你的计算机上打开百度搜索，输入“IP地址”，会立即显示出本机IP，比如“本机IP：123.119.255.126”。这是一个32位的二进制数字，分为4段表示，每段8位，每两段之间用“.”隔开。一般我们把它写成10进制数。这样的IP地址叫做IPv4，就是第4版的意思。

由于互联网的蓬勃发展，IP地址的需求量愈来愈大，IPv4地址在2011年2月3日已经分配用尽。怎么办？只有加长地址的位数。

现在，IP地址的第6版也就是IPv6已经发展起来。IPv6采用128位地址，位数是IPv4的4倍，地址数可不是4倍啊！实际上，IPv4的地址数是2^{32}，而IPv6的地址数是2^{128}，二者的倍数是

$\frac{2^{128}}{2^{32}}=2^{96}$倍！

想想吧，国王赏米的数量是$2^{64}-1$，而IPv6的地址数是2^{128}，这是一个多么巨大得难以想象的数字！难怪有人说，不仅万物互联的“物联网”时代马上就会到来，地球上每一粒沙子都可以分配到一个IP地址呢！

52 世界数学发展中心的变化

世界数学发展的历史是漫长的，又是不平衡的。就整个世界而言，它与各国、各地区的政治、经济变化息息相关。因此，世界数学发展中心是不断变化的。

古希腊可以说是欧洲的文明古国，它的数学发展很早就很有成就。公元500年前，毕达哥拉斯成立了青年兄弟会，向人们传授数学知识，雅典后来还成立了学校向学生传授数学知识。欧几里得写了《几何原本》作为教材，这本书后来传到世界各地，影响非常大。

古希腊征服埃及建立了亚历山大城，那里成了地中海的学术中心。因此，5世纪之前，世界的数学中心在古希腊，这是个不争的事实。

5~15世纪，世界数学发展中心转移到经济发展好的东方，我们看一看当时东方的数学成就。

《周髀算经》和《九章算术》奠定了中国数学的框架和走向。祖冲之、刘徽对圆周率的研究走在世界前列。10~14世纪，中国形成了南北两个数学研究中心。

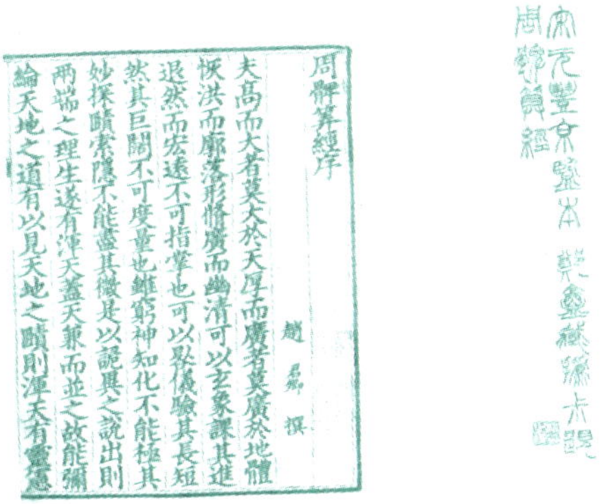
周髀算經序
趙爽撰
夫高而大者莫大於天厚而廣者莫廣於地體
恢洪而廓落形脩廣而幽清可以玄象課其進
退然而宏遠不可指掌也可以晷儀驗其長短
然其巨闊不可度量也雖窮神知化不能極其
妙探賾索隱不能盡其微是以詭異之說出則
兩端之理生遂有渾天蓋天兼而並之故能彌
綸天地之道有以見天地之賾則渾天有靈憲

《周髀算经》

8世纪，在印度出现了现代记数法——印度数码，有0；十进制（后经阿拉伯传入欧洲，也称阿拉伯记数法）。阿耶波多是现今所知最早的印度数学家，他有一本数学著作《阿耶波多历数书》，该书最大的贡献在于开创了弧度制度量。在印度，算术、代数、组合学等都有发展。

16~17世纪，世界数学中心转移到欧洲文艺复兴发源地意大利。

文艺复兴最先在意大利各城市兴起，以后扩展到西欧各国，带来一段科学与艺术的革命。15世纪，欧洲的数学活动多半以意大利城市为中心，其中算术、代数和三角学方面有很大发展，透视理论建立，三角学开始独立，绘画与数学相互促进，三、四次方程被解。

17世纪英国资产阶级革命和宗教改革，世界数学中心转移到英国，造就了牛顿学派，产生了皇家学会。牛顿点燃微积分的火种，变量数学得到发展，使欧洲数学大发展。

18世纪，法国取代英国成为“数学活动的蜂巢”，数学中心迁移到法国。

19世纪70年代后，德国统一，从第一次世界大战结束到1933年希特勒上台，世界数学中心在德国的哥廷根大学。在哥廷根学派的带动下，出现了20世纪数学发展的一段黄金时期。

俄国出现了创立非欧几何的数学家罗巴切夫斯基，他和马尔柯夫、李雅普诺夫等优秀数学家形成了彼得堡学派。20世纪60年代以后，苏联数学有重大进展，在拓扑学上有重要成就，莫斯科也被人们视为世界数学中心之一。

20世纪60年代以后，苏联数学有重大进展，在拓扑学上有重要成就，莫斯科也被人们视为世界数学中心之一

第二次世界大战后，美国无偿地得到许多人才，成为体现技术创新之地，于是世界数学中心从德国转移到美国。

世界数学发展过程中，地理中心迁移的顺序是希腊——东方（中国、印度、阿拉伯）——意大利——英国——法国——德国（含苏联）——美国。在一次次的迁移过程中，数学学科不断发展，影响力日渐壮大。